当代作家精品·散文卷

主编　凌翔　王晓霞

# 炊烟袅袅　幸福味长

施亚芳　著

中国画报出版社·北京

**图书在版编目 (CIP) 数据**

炊烟袅袅　幸福味长 / 施亚芳著 . -- 北京：中国
画报出版社 , 2022.9
（当代作家精品）
ISBN 978-7-5146-2117-4

Ⅰ . ①炊… Ⅱ . ①施… Ⅲ . ①饮食—文化—文集
Ⅳ . ① TS971.2-53

中国版本图书馆 CIP 数据核字（2022）第 015610 号

## 炊烟袅袅　幸福味长

施亚芳　著

出 版 人：方允仲
责任编辑：石曼琳
助理编辑：郭小轩
责任印制：焦　洋

出版发行：中国画报出版社
地　　址：中国北京市海淀区车公庄西路 33 号　邮编：100048
发 行 部：010-88417360　010-68414683（传真）
总编室兼传真：010-88417359　版权部：010-88417359

开　　本：16 开（710mm×1000mm）
印　　张：13
字　　数：171 千字
版　　次：2022 年 9 月第 1 版　2022 年 9 月第 1 次印刷
印　　刷：涿州军迪印刷有限公司
书　　号：ISBN 978-7-5146-2117-4
定　　价：59.80 元

# 目 录

## 第四辑　那年中秋打枣欢

第一辑　素饭清饮，淡淡日子里的真滋味

## 青青豌豆荚

五月中旬，周末，回乡。

车一进入家乡地段，便被四野连绵的绿色包围，犹如开进了绿色的画卷中。

路边人家富丽的洋房，更是画中从未出现过的。那些白瓷的墙、琉璃的瓦，都仿佛在兴奋地告诉路上的行人：这边的人家很幸福哦！

到了家，爸妈照例在农田里干活。

大片的菜籽，荚粒已经饱满。天空中，鸟鸣不断。绿色的菜籽间，白蝶翩翩飞。

看见妈妈回来，我对着她感叹："到处都是鸟鸣声啊！"

妈妈应答我："鸟儿可多了！"

中午爸爸到邻居家打牌，我过去看热闹。嗬，厅堂里摆开了两桌哩。这让我联想到在城里的社区活动室里，也常常是一桌一桌的老人在打牌，不由得感慨：现在人真是生活得自在惬意啊！

打牌人见到我，叫着我的乳名打招呼："回来啦！"乡音甚亲，惹人心头暖意荡漾。

有一桌一局牌打完了，散人。有的急忙回家，要到田里干活；有一两个人则留下来，和我拉起家常。

他们回忆着，说过去到社里开夜工，剁山芋藤。剁完了，能吃到炕<sup>①</sup>山芋，于是，个个抢着去，包括小孩子。

"那时没东西吃啊，要是现在的孩子，别说炕山芋，就是红烧肉，也不肯去！"历史讲完，他们如斯感慨。

是啊，现在日子好过了，所以，许多人写的、拍的、发到网上的都是关于好吃的和好玩的的文字、图片、视频。

下午，妈妈到田里挑草——严格意义上讲是挖草。挖草的这块地里，一里<sup>②</sup>长的一塝田野上，种了四排玉米，已经长到尺把高。要挖掉的草叫"三楞子"。妈妈带一张小木凳，坐着耐心地挖。眼前的挖好了，妈妈就将小木凳向前挪一挪，继续坐下来挖。

我问："为啥不用锄头锄呢？"

妈妈说："锄的话，根还在泥里，又会长上来，会把玉米给遮盖掉。"

我帮着拔草，妈妈说："你拔了没用，要用小锹挖出根部的球来，草才不会再长。"

我看着长长的玉米行，心想：这慢工的活，什么时候才能做得完啊！又想，爸妈不就是这样日复一日，年复一年，慢慢地做着这些"工夫活"，然后才种出了农作物，自力更生，不给儿女增添负担的吗？

我妈见我在旁边帮不了忙，就说："你到西塘边去摘豌豆荚，回去洗净，煮了吃。"

---

① "炕"在方言中可作动词，意为"烤"。

② 1 里 = 500 米。

西塘，就是我家屋子西边的小池塘。

我一听，来了兴趣，就回家拿了竹篮去摘豌豆荚。

池塘南边这块地上的豌豆，去冬是长在大棚里的。此前，我们就吃了若干回的豌豆头，现在又来摘豆荚了。

豌豆荚可真多啊！

我就觉得奇怪了，去年和今年春节期间，一茬一茬的豌豆头被我们掐了，怎么还能结豌豆荚呢？而且还结得密密匝匝，不禁钦佩植物强大且旺盛的生命力！

两手都去摘，左右开弓，一会儿就摘满一竹篮。

回家用清水淘洗干净，放进锅里，加些清水，开火煮。熟了，盛进碗里。我忍不住用手捏起一枚送进嘴里……

又嫩又甜，清香满口漫溢，它比青蚕豆好吃不止一个级别！

晚餐桌上，还有我们这边特有的一道菜：靠鱼。这是一种海鱼，个头小，肉质厚实、白嫩、细腻、鲜美，我特别喜欢吃。我一边吃，一边暗想：明天到镇上去买些带回城。

田园如画，心情如蜜，愿生生世世，日日安享恬静美好的生活！

# 雪花白，炕饼黄

冬日清晨，还在睡梦中，忽听得房门被推开的声音，母亲叫着我的名字，喜悦的声音传过耳畔："吃炕饼啊！"

一股暖融融的感动从心底升起。我赶紧从暖暖和和的被窝里爬起来，漱洗完，接过热烫烫、香喷喷的炕饼，嘎吱咬一口，外皮香脆，内里绵软，甘甜绕齿……

春节近了，我又梦见了吃炕饼。

每年春节回爸妈家，我最念叨的便是黄焦焦的炕饼。任丰盛菜肴摆满桌，一日三餐只要有炕饼，我便觉任何美味也不换。

妈妈知道我好吃这物，因此，春节前总要备下馒头，留待我到家时炕饼。这馒头，有时是让爸爸去镇上买的，有时是让大哥从他们学校食堂给带的。

去年春节我刚到家，大嫂就告诉我，我妈妈特地叮嘱她，让她"其他吃的带不带不要紧，一定要记得带馒头回来"。"偏爱自家姑娘啊！"大嫂半开玩笑地感慨。

我听了大嫂的话，幸福感如浪潮般涌上心头，深深地感知到母亲对我的关爱、重视，甚至宠溺。大嫂也是对我关爱有加，母亲每次让她带馒头，她都当作政治任务一样，必定给带回来。

想想我何其幸运！炕饼好吃，亲情更暖人。

每次春节一踏上回家路，我的心思便全在炕饼上了。我总是半途上就兴冲冲、急吼吼地打电话问："有没有馒头，炕饼了吗？"一到家，便会抢着坐到灶后，迫不及待地在灶堂里炕起饼来。有时，我会一口气连着炕好几个。当然，春节时，阖家团圆，哥哥、嫂嫂、弟弟、弟媳、侄子、侄女，一大家子人都在家。饼炕好了，众人纷纷围上来，你掰一块，他掰一块，语笑喧阗中，分分钟就将饼分吃个精光。

早年，每到春节前，我老家那儿，家家户户要蒸馒头。有一幅画面深深地印在我的脑海中：户外细雪飘飞，屋内蒸气缭绕。灶堂里，木柴燃起特旺的火焰；锅面上，木质方形的大蒸笼架得如山高。一般人家要蒸上个一天一夜，有的人口多的大户人家，还会蒸更久的时间。蒸出的馒头又大又圆，白白的，厚实饱满。出笼之初一个一个放在木板子上，等凉了后，再放进一个个大箩筐里。那以后，在馒头被切晒成"饼角"之前，每当烧饭时，便可以拿出一个或几个来炕饼了。

把白亮亮的馒头送进灶堂里，小心地贴靠在灶墙上，然后往灶堂里少少地添加软草，匀细地烧火，不时轻轻地翻转馒头，两面轮番慢慢地烘焙。待烤得焦黄的时候，从灶堂里拿出来，用块干净的布"啪、啪、啪"地掸掉饼面上的浮灰。掰开炕饼，伴着香喷喷的热气，撕一块送嘴里，再撕一块送嘴里；或者直接双手捧着，嘎吱咬一口，再嘎吱咬一口……那热脆，那烤香，那绵甜，真是无与伦比，仙馔不及！

现在，农村人家基本上不再蒸馒头了，而炕饼，现在的小孩可能更是很少见过和吃过了。但每到飘雪季节，蒸馒头、吃炕饼的记忆，却成了我关于老家最温情的怀想之一。

雪花白，炕饼黄。春节又近，那炕饼的香，开始穿过时空悠悠荡荡地飘来。

## 附记：烤年糕、烤鱼

晚上我忽然想吃烤年糕。

过去吃了几次烤年糕，它又脆又鲜咸，还有米糕的香味，滋味真是很诱惑、很独特，我特别喜欢，吃到就觉得很幸福哩。

于是，我和先生一起到欧风花街附近的烧烤店去。

这边店面，为了扩大生意，基本上是"多种经营"，既有烧烤，也有炒菜，冬天还有火锅。

先生喜欢来几道烧菜或煮菜，好下酒。

于是，我们点了一份烤年糕、先生一生最爱的炒肉丝，另外还点了一道大菜：烤鱼。

等上菜等了好长时间。这家店生意好，楼上满座，楼下也没有空桌。所以，我以为要等是因为人多。后来老板娘解释说，因为鱼是现杀现烧的，所以上菜时间长、比较慢。

这个冬天，因了一份烤鱼，不仅不再寒冷，还又暖又香。

寻常饱暖外，我们还能吃到如此丰盛鲜美的食物，真是口福不浅啊！能不心生感恩吗？

# 可爱可口小方糕

前两天，把奶奶①给包的粽子吃光了，今天早上吃什么呢？我打开冰箱，哈哈，白粉粉的小方糕啊，这么个好东西被我忘记了。

老家过年时，多会有两样面食上场：一是蒸馒头，另一个便是蒸方糕了。所以，白粉粉的小方糕，可以称得上是我童年的小伙伴哩。

故我很喜欢吃。

小方糕外表也很好看，是不？雪白的，小小的，方正的。中间点一颗圆圆的小红点，恰似女孩子眉心处那一点朱砂痣。

小方糕的原材料是糯米粉。我的老家，并不长水稻。那人的老家，倒是鱼米之乡。可是，邪门了，我特别喜欢吃小方糕，包括粽子，而他并不是特别喜欢吃。

大概，他从小就不稀罕吧。

我对白粉粉的小方糕情有独钟，毕竟是家乡美食，从小伴我一起成

---

① 本文中的"奶奶"指婆婆。

008

长，在记忆深处是生了根的。

每年春节，返城时，妈妈就会给我们带上小方糕。妈妈知道我喜欢吃这个，因此过年的小方糕，她也一直存放些，好让我平时也有的带。

可不，这都 6 月底了，上周末回家，我妈妈还问："你要小方糕吗？家中冰柜里有，一点也没发霉。"

那人看了什么养生保健的文字，说发霉的东西一点也不能吃，会致癌，因此，以前我带回的没有及时吃掉的小方糕都被他扔了。受他影响，我也不肯从家中多带。妈妈大概知晓了我们的小心思，因此强调"一点也没发霉"。

殷殷一片慈母心啊。

那人下意识地就要表示"不要"，我连忙赶在他前面说："要的！要的！"

临行前，妈妈一再叮嘱："你一到家就把小方糕放进冰箱里啊！"她是怕小方糕放外面时间长，长霉斑，又要被扔掉啊。

妈妈的一片心，我怎么能随便丢掉呢！因此，我到家的第一个动作，就真的是把小方糕放进了冰箱。

只是后来，我完全忘记这事了。

今早考虑吃什么，打开冰箱，这才想起。

小方糕常见的最简便吃法，便是烧开水，把小方糕放进"嘟嘟"冒泡的滚水中，煮透，到绵软。这一煮法叫"烫糕"。

小方糕不能随冷水下锅，否则最后会煮散，变成面糊糊的。

从外到内都变软了的方糕，盛在碗里，蘸着红糖或白糖吃，又甜又黏，满嘴的米粉香，是一款幸福滋味很浓的美食哩。

## 幸福日常：煮了一锅美味早餐粥

一碗好粥保平安。早餐的那一碗清香四溢的米粥，更是新一天的绝美启幕。

现在生活很方便，早餐可以在食堂吃，也可以在外面吃。但是，要真正享受到香喷喷的早餐，还真得自己动手做才是最佳的选择。

在外面吃的粥，也不知道是因为米不新鲜，还是因为煮法上的问题，口感寡淡得很，基本上吃不出米的香味。

自家煮，首先从食材上，自己备的米，肯定是挑那上好的、新鲜的，才买回来。准备一锅过滤过的清水，米放进锅里，再随心加几粒红枣、花生仁，或者红豆、何首乌片，或者枸杞、桂圆，等等。花色粥，光想想都叫人欲罢不能。就是什么都不加，单纯的白米粥，煮出来也是清爽爽、亮晶晶的，看着就诱人，叫人流哈喇子。米的本味，原原本本地都回来了哩。

锅里水煮开一会儿，就会有浓浓的米香飘满厨房，其他食材的香味也会悠悠地跑进鼻腔。在这些食物的香味环绕中，我觉得心情特别愉悦，整个人特别有力量哩。

　　根据个人的喜欢确定所煮粥的厚薄、食材的软硬。我个人不喜欢厚到像饭、软到像面糊那个程度的粥。

　　今天早上，在我煮粥的过程中，有一个失误。把食材都放进锅里，开了火，打开油烟机后，我就有事儿跑到别的地方了。结果，待那位起床时，他立即惊呼："粥煮焦了！"可不，闻到糊味了。

　　我赶紧奔到厨房，揭开锅盖，还好，只一点点糊锅底，不影响吃。我和那位洗漱好，装两小碗粥，便埋头开吃。香浓微甜，口感新鲜，这样一碗粥吃好了去上班，感觉一天都会倍儿有干劲、神气十足哩。

## 好吃还是翠奇小笼

此刻，我们已经在外吃过晚饭到家。那人在看电视，我问他："今晚的东西好吃吧？"

"嗯，好吃！"

像这样的回答不常见。这些年，我们在外吃得多，往往开始新鲜，觉得不错，然后，食饱无滋味，吃过再问："这家口味怎么样？"答案往往不如人意："一般般！"

每天下午临下班，我们会互打电话，问对方——

到哪里了？

快了，要到家了。

在哪里会合呢？

小区门口吧。

好！

……

这段很有仪式感的对话，让寻常的生活多了份温馨。

今天再打电话时，那人告诉我，房子的事差不多说定了，明天开始，人家进房施工。

我一听，心里大为高兴，终于松了一口气。

前阵儿，那人为房子质量及环保问题，与开发商有一番计较。我真担心他发展成偏执，然后一直纠结其中，从而更受伤。现在他想开了，与开发商达成协议，将事态向前推，我怎不开心。于是顺口说道："值得庆祝。"

那人讶异："又出去吃啊？"

是的，这两日我们连续在外打食。

各有原因呀！

最重要的一个原因是，美食让人心安，让人欢喜，让生活变得多滋多味。

到哪里去呢？我们心中向往的地方是：周围绿树环抱，房子外观古典大气，内部格调雅致。人在其中，既享受到大自然的宁静，又享受到人间烟火气的安心与温馨。

于是，我们一路找寻而去。

到了宝龙广场，第一家，便从格子橱窗外看到里面人员爆满。疫情才刚缓解，饭店就有这么火爆的生意？我们很讶异。走进里面再看，餐厅外小小的等候处，竟然有不少人在排队，脖子都伸得丝瓜般长，盼着空餐位出现。

我们感叹不已，只好另寻下家。

不远处，有一家饭店，内部风格也还不错，挺豪华典雅，然餐厅内却空空荡荡，这又让我们惊讶不已：几步之隔，同样是饭店，差别咋这么大呐！

再向前走，一家面积不甚大的饭店里，似乎每一桌都坐满了人。我们看了看高挂在门楣上的招牌，上面写着"翠奇小笼"。这就让我们奇怪了，"小笼"让我们想到"小笼包子"，更想到应该是吃早点的地方，那肯定不适合吃晚饭了。

"有炒菜的，你看，人家桌上有菜。"那人透过橱窗看到人家桌上有小笼，也有菜盘，由此推定。

不知道是什么吸引了他，他竟然径直往里走。我便也跟着他，推门进去。

果然桌桌客满。幸运的是，有一桌的客人恰好站起身准备出去。于是，我们赶紧占了那桌，并叫来服务员收拾桌子。

扫了桌角的二维码，自己下单。菜分翠奇大餐、翠奇小菜，还有翠奇小笼。我们点了两道大餐、两道小菜、一笼蔬菜饺、两碟凉拌，然后坐等上菜。

价格不菲。我们就更奇怪了，不价廉，为何客人乐意来？

一会儿，菜上桌。这下答案揭晓了，我们明白了这家店生意兴隆的秘密：菜色看上去就清爽，诱惑感十足。

一盘番茄片片鱼，汤底是南瓜色，白色的鱼片和面条、红色的番茄块搭配在一起，看上去就叫人食指大动，果然是"秀色可餐"。那人吃一口，直呼："酸得好开胃啊！"

餐具看上去为上品陶瓷，青釉色。一套包含茶杯、碗、汤匙、大茶壶，古朴又雅致。我喜欢陶瓷餐具，因为它给人安心和亲切感，也充满了质朴且浓郁"家用品"的气息。

这里既可赏具，又可赏味，岂不是绝美享受！

每一道菜除了"秀色可餐"，还有个共同的特点——口感特别清爽。

因此，这顿晚餐，有两个出乎我们意料的结果：一个是本以为菜点多了，肯定吃不下，结果却吃了个盘底朝天；另一个是一般吃饱后有油腻饱胀感，而今晚，意犹未尽。

吃时感觉好吃不足为奇，吃饱后还连叹好吃，那才真是好吃啊！

## 桥头锅贴，一家三口吃小摊的温馨记忆

问那人："盐城有什么好吃的，现在已没了但让你记忆深的？"

回说："藕粉圆。"又想想说："这个现在还是有的，在饭店里，甜菜中有。"

是啊，但是藕粉圆不像过去那么有名，记得那时有几个牌子，地方电视台老是做广告哩。

那人忽然想起，说："最怀念的还是桥头锅贴。"

他这一说，也勾出了我的记忆，是啊，那时可馋了，每天都要来两份。

那是在我下班的路上，也是我们从幼儿园接了孩子回家的路上，沿路会途经一座桥，名"登瀛桥"，横跨于蟒蛇河上。

登瀛桥所处位置，相传历史上是盐城渔市集散地，因此，那地儿又叫渔市口。到傍晚时，站在桥上眺望，景色十分漂亮，因此有"登瀛晚眺"的美好传说，为"盐城八景"之一。

这条路一度为盐城市区东西向主街道。在路的西尽头，便是登瀛桥。

上下班期间，往来这条街道、途经这座桥的人，熙熙攘攘。

傍晚，从一天的忙碌中解放出来的人们，到了桥头，有不少会停下来，享受桥上两边小吃摊上的各种美食：汤圆、炒面、砂锅、烧烤……在各种小吃摊当中，有一家专卖锅贴。

锅贴卖主是一对老爹爹老奶奶，两人应该都有七十来岁。平底大铁锅里，整齐地一圈一圈地摆放着饺子。中间空留一个小圈，过一段时间，老爹爹便会往这空圈里少少地加水（或者是油）。

饺子馅是纯肉的。出锅时，外面一层炕得焦黄的锅巴，浸满了肉馅炕熟后渗出的油脂。用筷子夹起这油汪汪的锅贴，蘸点香醋，吃起来油脂香、醋香、肉香、面粉香满嘴漫溢。

吃锅贴的人特别多，都得排队等，老爹爹老奶奶两个忙忙碌碌，都赶不上供应。人们不停地催问："我的锅贴好了吗？""就好了，就好了，一会儿就有，一会儿就有！"老爹爹老奶奶忙不迭地回应问者。不少人，吃完了还嫌不过瘾，会再打包一份或几份带走，大概想回家慢慢享受，和家人共享这幸福的美味吧。

我那时和那人一同接了孩子回家，经过此桥，必定会坐到这锅贴摊位前，叫上六份，大人孩子一人两份。一份有四个锅贴，两元钱。有时，两份不够，还会再加，吃完了美滋滋回家。

那锅贴真是香啊，此刻想来，已吞咽了不少口水哩。那时每天停在桥头吃锅贴，现在穿过岁月回望，于食物的美味外，更见一份热闹喜悦，一份一家三口定点定时共吃小吃的仪式美。

## 岁月长长，冷锅饼香

每提到吃的，我便想起老家的冷锅饼。

前年和朋友一起去黄海森林公园玩，回程途中，友人特意到附近的居民家中，给我们买上几个"蹲门大饼"。

"这个很有名的，都上了中央电视台的《舌尖上的中国》。"友人道。

竟然有这回事儿！我很惊讶，家乡的美食上了中央电视台的美食节目，太让人骄傲了。

我首先想到，这"蹲门大饼"可能就是我小时候常吃的冷锅饼，只不过，被蹲门这地方给做出了名。

然而一见，两者大相径庭。此饼非彼饼，完全不是一个家族的嘛。

蹲门大饼，特点在个头大，每个饼直径足有一尺半以上。另一个特点，便是油炸的。说穿了，小时候我们都吃过油饼吧？碗口大的油饼；而蹲门大饼，有十个碗口大油饼平拼起来那么大。

蹲门大饼好吃，但我觉得小时候吃的冷锅饼更好吃。

冷锅饼和蹲门大饼有得比的，便是个头。大的冷锅饼也有蹲门大饼这么大，但一般要小些。蹲门大饼有点像是先蒸熟、再放进油锅炸得两面金黄的感觉，毕竟比较厚，不这样做炸不熟吧。

尽管如此，蹲门大饼厚薄均匀，饼边和饼心在材料分配上，没有厚此薄彼，大概是用平底锅做出来的缘故。而冷锅饼则是中间特别厚，向四周逐渐变薄，两面皆呈锥圆形，总体外形像是我们小时候开运动会时扔的"铁饼"。

我为什么要这么来描述冷锅饼的模样，因为我手头没有照片。现在，老家已经不做这种饼了，要吃得去外面买。那都是机器蒸出来的，已经不是那个长相，不是那个味道，不是地道的冷锅饼了。

冷锅饼，是一种发酵饼。妈妈前一天会用小面加水调和，放入适量的老酵母调匀。小时候我们家有一个大陶盆，里外棕黄色。妈妈用这陶盆调和半盆的发酵面，然后盖起来，捂到第二天，发酵面就"长"满到一盆。

面发酵好后，就开始做冷锅饼了。灶堂里点燃柴火，在黑色大铁锅里倒上油，用勺子或者铲子浇匀锅壁。然后，把发好的面慢慢倒进去。盖上锅盖，灶堂里继续烧火。

功夫就在这烧火上。加了极少的柴草，极小火、极慢地烧。烧一会儿基本上就熄火，过一会儿再烧。如此反复。大概一个小时后，揭开锅盖，把饼翻个身，再沿饼边一圈浇上少量的油，让其沿着锅壁流淌到饼的底部。再像前期那样烧火：加极少、极细、极软的草，极慢地烧火，熄火。过段时间再如此烧火。

冷锅饼就是这么慢慢地炕出来的。由于极细的火、极慢地烧，且烧烧停停，好似灶堂和锅子一直保持"冷"的状态，因此，这饼叫作"冷锅饼"。

由于长时间慢慢地炕，功夫到家，所以尽管饼又大又厚，两面却炕出厚厚一层焦黄色的饼巴。这饼巴味道绝美，讲真，吃一口，舍不得立即咽下去，要让美味在嘴里停留，让自己享受再享受。

小时候我家那一陶盆的发面，可以炕出三四个冷锅饼。

村里人家，男人上河工前，一般家里的女人会做一两个这样的饼，装进男人的干粮袋里。这对于因为艰苦、繁重的生活而长期离家的人而言，是香香甜甜的慰藉。

但这是相当奢侈的食物，一般很少做。

我上中学后，周末回家，偶尔我妈也会做这种饼，切成半片半片的，让我带到学校去。

在当时条件下，这饼不只是在食材上是奢侈，就是这做工，也是极奢侈的。

慢慢融进了饼中的，还有做饼人对家人深深的爱。

更有另一种奢侈，那便是这饼的口感。刚才说到了饼巴的好吃，其实整个饼都无比好吃。面粉的香，农家自制老酵的香，铁锅炕饼特有的香，菜籽油和发酵面中和后散发出的香，厚厚的饼巴的焦香……真是不一而足，千味百香相交杂，语言不足以描绘啊！

这样的饼，没有上中央电视台《舌尖上的中国》，我觉得很奇怪哩。反正蹲门大饼能上，那这冷锅饼，我认为，十倍地能上。

不信，你来一口，保管你由衷感慨，味道比我说的还要美妙得多！

## 素饭清饮，淡淡日子里的真滋味

美食天然具有治愈功能。晚上，郁郁不乐时，便特别想出去撮一顿，而且要撮辣的，辣出欢爽来，赶跑不开心。

然而，我走到半路上，却改变了主意。一是因为想到辣菜多是腻乎乎的油烧出的，食欲倒减了；二是附近也没什么辣菜馆，专业的更没有，便也减了兴致。

于是，到一家叫"小葱拌豆腐"的饭店。

点一道韭黄炒文蛤，一道双椒鱼头。两个人，菜够了。还点了一碟花生米，那人佐酒必备。

先上来的自然是花生米。坏心情最下饭，觉得花生米也挺香。

第二个上来的是炒文蛤。我迫不及待地伸筷子，吃一口，然而不是记忆中的味道。

文蛤，又称天下第一鲜。口感是极鲜嫩细腻，且有微微的甘甜在口腔内慢慢释放。吃一口，便立马明白什么叫"滋味甘美"。可是，今天文蛤吃起来，肉显老，咬起来有些沙的口感。这真不是我小时候吃的文蛤啊，大概是那种人工养殖的新品吧。

鱼头就在旁边的煤气灶上烧着，时间挺长。服务员说，鱼要煎煎，得把鱼眼珠煎出来，才算熟，也才入味。

待上来，尝一口，味道还不错。尤其旁边的小芋头，浸了鱼的味、辣椒的味、盐的味，又煮得酥烂，加上小芋头自身的味道，入口果然是百味释放，绝美无比。

可是，鱼肉吃着吃着，觉得到底还是又老又粗的口感。大凡人工养殖的东西，那些天然的口感基本所存无几，不免遗憾。

两道菜吃下去，就觉得撑得慌，尤其是油腻的副作用，过饱以后，让人不再体会到食物的美味，反而是腻烦。后悔这么瞎吃，要赶紧用点去油腻的东西给肠胃减负一下。

于是，在超市里买了一瓶酸梅汤。当那紫色的酸梅汤一滴不剩地、从"瓶肚"里跑进"人肚"里后，我觉得舒爽多了。

第二天的早餐，我做了一份烫饭，加点蕃茄。吃起来，酸酸的，清淡爽口。对比昨晚暴饮暴食后的恶劣后果，我忽然悟出一道关于吃的真理：食甘啖肥，不如素饭清饮。

## 有一种幸福叫：吃完五个炕饼再回家

我这次在爸妈家待了好长时间——五天！简直不敢想象，自我工作十几年以来，这还是第一次在爸妈家待这么长时间。

我在爸妈家的时候，总是很幸福！很幸福！有一种一直被幸福密密地包围的感觉！

我过去在家一直是个"惯宝宝"。所以，现在无论我多大岁数，爸妈依然那样待我，每次我回家，把我捧上天，任我懒惰，任我为所欲为。

早晨我明明起得晚，妈妈见我走来，还要说："你咋起这么早，不多睡会儿！"

妈妈在田地里劳动，我跑过去想帮忙，她会说："不要你做，你回家去歇歇。"

我每次到家，妈妈还要烧饭给我吃，甚至一个人锅上锅下地忙，我要帮忙烧个火，她都怕我把身上弄脏了。

不止一次，我在心底感叹：这世上真正纵容式地爱我的人，就是我的爸妈了！

我何其幸运，爸妈不只是宠我长大，还宠我到老。

我喜欢吃锅巴。爸妈平时用电饭煲煮饭，然而基本上我每次回家时，他们就会改成用铁锅，为的是炕一锅焦黄脆香的锅巴，让我带回城里。

妈妈总是先把米饭盛出，只留下锅巴。再往灶膛里添些柴火，把锅巴炕到颜色更黄些，趁热铲出锅，装进盘中，放一边变凉后，用干净的袋子仔细装好。

临出发时，我妈必会问："锅巴带上了没？""带了！带了！"我满口幸福地回答。

回到城里家中，我不时取出一部分，或者放微波炉里再烤一烤，或者加点菜煮成锅巴菜烫饭。无论哪一种做法，吃起来后，纯正、浓郁的焦米香，长久在唇齿间缭绕，这真是无比幸福的味道。

一道分享的那人也一个劲地感叹："好吃，真好吃，真不是一般地好吃！"

我另一个爱吃的东西，便是炕饼。严格意义上讲，我觉得它倒应该叫火烤饼。因为，饼是放在灶膛里，置于火的旁边，小心地慢慢烘烤出来的。

这种火炕饼一般只在过年前后才有得吃。年前家家户户蒸馒头，这之后炕饼才有了原材料。

这次在家，每天早上我妈给炕一个饼，定额供应。一天当中，其他时候要吃，妈妈还不肯哦。因此，我馋叨叨地盼着第二天早晨那美好一刻的降临。

元宵节这天，我们准备返城，我妈妈不同意，明面上理由是"（按风俗）过节这天不能出门"。我理解的一个理由是，妈妈希望我们在家的时间多一些，再多一些！而妈妈的另一个理由则是，"还有一个炕饼，我得炕好，你得吃完才能走啊"。

这炕饼，现在除了我，大概也没多少人吃。因此，我妈炕饼的手艺也生疏了。第一天那个饼，有点炕焦了，但那之后一天比一天好。以至于后来，画风是这样的：那香味诱惑我急不可耐地想一口咬下去；而那颜色，让我舍不得下口，想捧在手里把玩，伸个馋猫鼻子去闻闻。即便只是闻着，这心里也觉得欢喜滋滋地冒，幸福开花。

一场疫情让我体会到，素日与家人在一起的时光、平常安好的一餐一饮，看似寻常，其实是多么珍贵，多么幸福！因此，待这次疫情过去，我要谨记：爱惜我拥有的健康，过节俭的日子，感恩珍惜我拥有的幸福。

如此，安好才能久，幸福才能长！

## 炕饼和锅巴，无可匹敌之美味

这次周末回家，我妈照例又给我炕一锅锅巴带回来。

现在吃食丰富，加上这次回家并非我一个人，还有大哥大嫂和弟弟，我本来以为我妈这次不会给我炕锅巴的，因为这么多孩子要宝贝，顾不过来呀！

所以，吃完中饭，当我无意中走进厨房，看到妈妈正从锅里铲锅巴时，一阵喜悦、感动涌上心头。有一种特别的幸福，叫不期望却意外拥有！

妈妈先把米饭小心地从锅巴上起开，轻轻地从四周往锅的中间堆，然后盛起，锅里只剩下一层紧贴着铁锅的锅巴。再沿着锅沿，慢慢地向下铲，小心地不把锅巴铲破，最后一块完整的锅巴完美出锅。

农村里铁锅炕的锅巴，特别清香。那种特有的香，是用别的方法加工出的锅巴永远不具备的。市面上卖的小米锅巴，哪里是锅巴，油炸米而已，有油炸的腻，无铁锅炕的香。

我现在记性可不是一般差，看我妈盛锅巴时很激动，但随后就忘了这事。再加上回城的东西，是我妈收拾了让先生放进车里的，所以，都到了城里家中，我才猛然想起来，赶紧问先生："锅巴带回来了吗？"我妈八十多岁了，我都忘了，我怕她更给忘了。

先生说："带了，在蔬菜袋子里呢。"我一听，赶紧去翻那些袋子，一看，锅巴果然在，心里美啊、乐啊，无法形容！

这次回家，还有一件事，也让我很意外和感动。

回家时，我从单位食堂买了些馒头和包子，本意是带给爸妈吃。到家后，我突然想起，可以把它们用来炕饼，便对妈妈说了。妈妈看看那小切块一样的馒头，说："这个不知道能不能炕得出来。"我看着也是，这和过节时家乡蒸的馒头可不同。家乡的馒头又扁又大，好炕。这馒头个头小却厚，着实不好炕：一则，放锅堂里，没法靠着堂壁"站立"；二则，"肚子"厚，容易外焦里不热。我便作罢。我们是傍晚到家的，然而，吃晚饭前，我妈却叫我："赶紧把炕饼吃了。"这真是又一个意外惊喜啊！呵呵，我妈真有神功，竟然把那不好炕的馒头，炕得外表均匀地金黄，内部也都均匀地软绵绵、热乎乎了。我把馒头拿来和弟弟分吃，弟弟一点也没推让，分吃了一半。他也喜欢吃炕饼啊！只不过不像我每回回家，会撒娇、嚷嚷着叫我妈炕而已。

最让我吃惊的是第二天早晨。我因夜里失眠，早晨反倒沉沉地睡着了。他们都起来好久，我还没醒。就在将醒之际，我听妈妈问我弟弟"看看你姐起来了没，"又说，"你喊她起来，把炕饼吃了，炕饼都冷掉了。"我一听有炕饼，起床气没了，疲惫感没了，忧郁感没了，一骨碌下床。一边奔灶后而去，一边心里担忧我妈只给我炕饼，这么宠着我，我弟弟会不会有感觉，会不会"受伤"。

然后，冲到灶后一看，灶堂门口有两个炕饼，靠在灶堂壁上。拿起来，果然，炕饼都冷了。我赶紧对弟弟喊道："两个，快来吃，我们一人一个。"

哈哈，弟弟依然没有客气，拿一个去吃了。

锅巴和炕饼，寻常生活里的幸福食物，世上又有哪一种食物的味道能与其相媲美呢！

**附记：秋果累累**

我在小区里发现两棵枣树，垂下的枝条上，坠满了枣子。好多好可爱的小枣子啊！让我联想到，小时候，一群小朋友在冬天里，背靠着墙，扎成堆，你挤我推取暖的画面。

有的枣树结的果子，好像叫冬枣，个头大些，占地盘就大，结得稀疏，隔老远才有一颗。

还有白果树，上面也结了许多白果，密密麻麻，看上去喜人哦。

柿子树也是，挂的柿子，又大又方正，绿色上敷一层白粉似的，看上去可爱又漂亮，让人想伸手去摘。据说，这种柿子叫奶油柿子。

石榴也一样，挂下了一颗一颗灯笼似的果子。开红花的结的果子小，现在基本红了；开黄花的结的果子大，还是青白面皮哦，这种果子到最成熟时，不是红色，而是浅黄色。

秋天到了，果然硕果累累。

## 世间的味道

周日，是属于自己的时间，多么惬意！

现在，家中烟火味日渐变淡，因为在平素忙碌的日子里，大家习惯到小区附近的早点店吃饭。一碗粥，一碟咸菜，一些可填饱肚子的干货如油条、包子、麻团等，匆匆吃过，用纸巾擦擦嘴角，然后问一声："老板，多少钱？"用手机一刷，走人。

这个早上，概莫能外。

我亦来到小区东门外的早点店。

附近早点店不多，大型的有一个，但不和朋友聚会，谁去呢？而简单的快餐式的小早点店，就只有两家：东门一个，西门一个。

东门的这家店，主要供应两个小区的人，因此相对整洁、宽敞一些。西门的那家店，在热闹处，菜市场边上，美食巷内，主要供应周边商务楼的人，因此嘈杂，显得拥挤忙乱，也更简陋一点。

周日，休养意味更浓一点，自然要往那清静点的地方去。

这家早点店开了有三四年了吧。别看店面小，其实早点只是这家店附带的产业，人家可是综合经营，午餐、晚餐才是主业。但，早点生意意外地好。

为什么？

我看有三个原因：独家经营，店内干净，推出的早点农家味浓。所以，店名里就有"土菜"两字。

到店里，说一声吃粥。然后自己到小窗口前的柜台上，挑自己喜欢的面点和咸菜。

面点有麻团、油条、摊饼。咸菜有煮黑豆、炒煮蚕豆、雪菜烧豆腐、煮咸鸭蛋。店里还有煎荷包蛋、煮鸡蛋。各人按自己的口味，随心挑。这有点自助的味道，是微缩版"自助餐"。

这家店与别家店不同的吃食有四样：油条、炒煮蚕豆、煮黑豆和摊饼。

油条是自炸的，且是小小的，微实心，吃起来口感偏软。不像市面上的油条，嘎嘣脆，又大，又松，油又重。这家店的油条，吃起来有货，口感微微酸、淡淡咸，面粉香味特别浓，而且油少，不担心吃了发胖。

煮黑豆，这种浓郁的农家味我在别的店没怎么见到过。炒煮蚕豆则更是如此，在"农家味"和"少见"上比黑豆尤甚。

摊饼，则真正只这家店有，别家店绝无。做法是面粉里打蛋，撒上韭菜花一起打匀，倒到平板锅面上，摊开，缓缓加热而成。除了多了点鸡蛋，和我们小时候吃到的农家摊饼基本上别无二致。

当然，除了粥，这家店也有各式面条：青菜面、雪菜面、肉丝面、大排面、牛肉面。我早上一般不喜欢吃面条，喜欢喝玉米糁子粥。它清淡，醇香，一碗下去，人变得倍儿有精神，干劲足足地去上班。

今早看到这家店新来了一位服务员，比较年轻。店里服务员还是年轻点好，有活力。果然，她见我把一碟雪菜豆腐吃掉，又要了一碗，便轻盈地笑着说："好吃，就多吃点啊。"这感觉像是家人的亲切叮嘱呢。

老板依然在里间叮叮当当地操作。在外面吃早餐的我们，可以隐约看见操作间的情况，不仅能看到店老板勤快麻利地为午餐和晚餐做准备，也能感受到店老板忙碌时快乐的心情。

　　虽然这家店早点的特色在于几碟农家小菜，但就我个人的喜好而言，依然特别喜欢雪菜豆腐，这种在早点店里寻常的小食。雪菜老，豆腐嫩，热腾腾、麻辣辣的口感，一直是我贪恋的。无论在哪家店，这种雪菜豆腐，我一般是一份不够，再加一份。

　　这家店位于戴庄路边上。戴庄路上的欧洲风情，值得一赏。我近日钟情于路边树上的鸟窝。不是真的鸟窝，而是一种装饰灯。形状和颜色都如鸟窝，几可乱真，特别好玩。

　　我所写的这些，无非日常小事。心如不热，便觉寡淡。而若心静下来，无限趣味便在心里萦绕。这就是世间的味道，你无心体味便无，你用心体味，便觉无限多且无限美。

# 喜欢吃的还是煲仔饭

美食万万千，我素喜煲仔饭。

古意幽幽的铁砂锅里有细长而又精致的专用白米饭，还有覆盖在其上的各色菜肴。端上桌，揭开盖子，浇上喜欢的酱汁，"滋滋"声响，热气蒸腾，食欲大开。

煲仔饭还没有普及时，只在咖啡店里有得卖，那时我就常被诱惑得走进去。无论是和朋友在一起，还是独自一个人，总爱点上一份煲仔饭，喜欢靠着窗坐，慢慢地享用。

饭是香的，心是静的，窗外的景色是好看的，感觉是美妙的。

除了煲仔饭特别的味道，让我尤其念念不忘的是锅底的那一层黄灿灿的锅巴。

我一定是缺铁吧，专一地特爱吃锅巴。

周末回乡，我妈就会特意为我炕一锅锅巴，让我吃个够。然后返城时，还会炕一锅，让我带回城。

平日我妈多用电饭煲煮饭，我一回家，大铁锅就又恢复了使命，就为了用来给我炕锅巴呀。

我妈炕锅巴的经验特丰富。饭煮熟，盛起。锅巴留在锅内，继续细细地加上两把柴火。趁热动铲子，一整块锅巴就铲起了。

无论趁热品尝，还是冷后慢慢吃，都既有嚼劲，又有香味在唇齿间绵绵释放。

锅巴烫饭，那也是一道美得不可言说的吃食。

带回的锅巴，我们分几次吃。有时加点小菜，做成烫饭，让本不热衷锅巴的那人，一度和我抢着吃。在美食面前，"斯文扫地"，也无"相敬如宾"。

烫锅巴也是有讲究的。锅里加水，煮开。小菜切碎，和着锅巴，一起入锅，稍煮片刻便装碗。这样，小菜的清香，锅巴的焦香，及锅巴的软硬适中、韧劲的嚼感，真的让人馋到直流口水，欲罢不能。

这几年，小吃店中出现了专卖煲仔饭的。我第一次见到，还是在去年，当时觉得特别惊喜，没有一丝犹豫地移步进去，点一份牛肉窝蛋煲仔饭。没想到，这家店的煲仔饭做得更精致，口感比在咖啡店里吃的还要好。看来术业有专攻，还是一心一意做出来的东西最好吃。

后来发现，外卖平台上有好几家卖煲仔饭。于是，不久，周围几家的煲仔饭我差不多都点过一遍。从快递小哥手中接过煲仔饭，打开塑料袋，看见一个银色锡泊纸饭盒。揭开盖子，一层金黄的锅巴覆盖其上。用筷子夹了放到盖子上，就露出牛肉窝蛋，或者西红柿鸡蛋，或者毛豆香干小炒肉，再下面就是香香的白米饭啦。

呵呵，开吃。一口饭，一口菜，再咬一口锅巴，把锅巴也当菜了。美滋滋哩，觉生活滋味无限美，幸福便都在这一盒煲仔饭中了！

# 美好的一天从吃青棒豆开始

美食还可以治起床气。孩子有起床气，大人也有。比如刚起时，容易抑郁，胃口不好。要把一天过得美好，就从起床后准备美美的早餐开始吧。

我今天起来后，心想，早饭吃什么呢？打开冰箱，呵呵，开心地发现：还有几根玉米棒！我们这边俗称棒豆。

这棒豆是周末我们回乡时，表姐从农田里现摘的。表姐说："这是晚棒豆，特别清甜。"我们带回来后，就煮了几根吃，那美味真是无法形容，直把小孩吃得大眼睛都笑眯成了一条线。

棒豆还穿着"绿衣"哩。

我拿出两根，放清水里冲一冲。铁锅里加上水，把还穿着"衣服"的棒豆一并放进锅里，拧开煤气灶按钮。

灶头上蓝色的火苗闪烁，随着水煮开，锅里咕嘟咕嘟响，棒豆的清香味也悠悠地飘散出来。闻着这样的味道，心情变得明朗起来，起床气没了，抑郁的感觉消失了。

一天从吃好美美的早餐开始。清香的美味，会让人元气满满，有力量去迎接每一个未来，让自己过得幸福。

有不少人早餐特别将就，真是辜负了自己呢。无论是自己动手做早饭，还是在外买放心早餐，或者到早点店吃早饭，都要认真对待。

一顿美美的早餐，不仅让一天充满干劲，还会带来昂扬的自信、快乐的心情。

早晨开始，不用着急慌忙，要慢慢享受美味啊。认真对待早餐，认真对待一天的每件事。认真生活，人生幸福。

# 桐花开了，饺子熟了

老家门前，泡桐花开。硕大的紫色花串子，一嘟噜一嘟噜，像是倒挂下来的鸡毛掸子。仔细看，每一朵花则像一个小金钟。所有的花掸子，在风中重重地摇摆，憨憨的，很可爱。我忍不住隔一会儿就去给它们拍照。可惜，每次都拍不出那种好看的神韵，感觉拍出的好看度还不及花本身的一半。

妈妈每次见我在家，都要张罗一番。有时是请邻居和亲戚来我家吃饭，有时则是做某种我爱吃的东西，让我吃了还要带着回城。这次则把这两样结合起来：既请姑妈一家来做客，又包了我爱吃的饺子。对，这顿待客，主打就是饺子。

好吃不如饺子，而我又是特别爱吃饺子的人。爱到什么程度？过去读书时，暑假期间，家中烧饭的任务由我负责，我便经常包饺子。那时家中常备有面粉，饺子皮都是我擀的，馅儿自然也是我调的，包饺子当然也是我的活儿。但一大家子的饭，可不是我一个人吃，所以，不能顿顿吃饺子吧，于是，我有时煮饭给家人们吃，同时另包少量的饺子下在汤锅里由我独吃。馅儿则是五花八门的，只要是能吃的，包到饺子皮里就成了饺子。最让我被家人骂的就是饺子皮里包青椒，很单一，再没别的东西，全世界恐怕都没我这样包饺子的。我喜欢饺子竟到了这种程度。

这种喜欢，一直到今天都未改变。可是，包饺子是很费时的事情，我现在可没有那么多时间包饺子。于是，就只有回乡下到我爸妈家时，才能饱餐一顿。爸妈也知道，我一日三餐都吃饺子也不会厌倦，可谓无饺子不欢。因此，我妈妈见我回家，一来会经常包饺子；二来平时会包不少放冰箱里，由我回去时拿。

清明节我回到父母家时，姑妈家正好包饺子，并请我们一家去吃。吃了后又让我带了不少回城。我一点都没客气，给多少带多少。我妈看在眼里记在心里哩，因此，这次桐花盛开时节我回家，她提出了包饺子。

农村四、五月最忙，俗称"大忙时节"，因此，我妈可真是百忙中抽空包饺子哩。

昨天晚上，吃晚饭时，妈妈就对爸爸说，你拿十四块钱给北家风云，他家明天也吃饺子，要到镇上买饺子皮，两元钱一斤，让他帮忙带七斤饺子皮。

今天一早，我还在睡梦中，就听到剁馅儿的声音。那声音真是美妙啊，听得心里特别舒畅。又飘来阵阵韭菜的清香，特别浓郁纯正的清香味儿，熟悉的味道，闻起来真是五脏六腑都高兴得要唱歌。

妈妈做饺子馅儿的传统食材总是韭菜、鸡蛋、肉末、百叶。真是我从小吃到大的味道啊！我起来一看，好家伙，妈妈炒了三大盆馅儿。当时我就觉得弄多了，后来结果果然是，馅儿才包掉一半。

我知道我妈妈的心思，她是想包得越多越好，然后吃过了再给我带着。

包饺子的场面是很隆重的，姑妈来了，表姐来了，加上爸爸、妈妈、我，好几个人开工。很快，三个竹匾里就放满了包好的饺子。我们这边包的饺子是耳朵形的，一个个码放在竹匾里的饺子，都有着圆鼓鼓的肚子，可爱极了。

我出发时，妈妈把所有剩下的饺子都给我带了上路。我知道，剩下的馅儿，我走之后，她一定会重新买上饺皮子，包好了放冰箱里，等待我下次回来。

我有所爱，我妈记得。我有念想，我妈会帮我实现。一个个饺子，是一个个的幸福！

门前桐花开得很美，妈妈包的饺子很香。

# 青蚕豆，老蚕豆，祖宗原来是豌豆

近期吃了不少青蚕豆，忽地对这个模样憨憨的豆子来了兴趣。

蚕豆在我们这里司空见惯，但我用五笔打字却没打得出"蚕豆"这个词，难道它的名字不叫蚕豆？

上网查了下，蚕豆名字可多了：南豆、胡豆、竖豆、佛豆、罗汉豆……最讶异的发现是，它是野豌豆属！难怪可以打得出"豌豆"这个词，却打不出"蚕豆"一词。

还有一个不明白的，这"豆"字前面为什么是一个吃桑叶的"蚕"，与"蚕"有什么关系吗？"蚕"字，"天"底下一个"虫"，与虫子也有关吗？

又查了下，原来啊，还有两个说法：一是元代农学家王祯在《农书》中所写"蚕时始熟，故名"；二是明代医学家李时珍在《食物本草》中认为，"豆荚状如老蚕，故名"。

都有道理。原来蚕豆之名还蕴含对时令节气和可爱形状的描述呀。

我的家乡，年年长蚕豆，从来没有间断过。青蚕豆味微苦，不及豌豆吃起来清甜爽口。

农村的孩子都有印象，立夏时节，会将煮熟的青蚕豆用线串起来，做一个长长的蚕豆项链挂在脖子上。

青蚕豆嫩时可以像炒菜一样炒着吃，炒熟的青蚕豆清香微甜，再无一丝苦味。稍老一点的青蚕豆适合煮着吃，虽不甜，但口感粉粉的，又是另一种好吃滋味。

我们这边青蚕豆的煮法，有和咸菜同煮的，有和蒜苗同煮的，也有单煮、加点盐、拍点蒜泥、拌一拌而吃。各有滋味，一种吃腻了，换另一种煮法吃，一直吃到蚕豆老了。

我最喜欢蚕豆晒干后，炒着吃。任何东西都是新上市时口感最好，这个时候炒出来的蚕豆特别香。眼前出现表妹吃炒蚕豆的情形，她一边吃一边摇头晃脑地说："花生姓咸，越吃越馋；蚕豆姓江，越吃越香。"（打字到这里，却无意中打出"蚕豆"二字，看来先前是我打错字根，呵呵）是啊，这炒蚕豆容易吃得停不下来。然后，弊端也就来了，它淀粉含量大，吃多了容易腹胀啊。

浸泡干蚕豆，剥去豆皮。雪白的豆瓣，加点酸菜，烧汤或打蛋花汤，都特别清爽美味。在我们老家，这是很受欢迎的吃法。

到了端午节，有一款粽子，就是用蚕豆米做的。我特别喜欢吃这种口味的粽子。所以，每年端午节，我妈包的各种粽子里，有一款便是蚕豆米做的。

我在现在生活的盐城这边，见过蛋黄粽、咸肉粽、红豆粽、红枣粽，却很少看到蚕豆米粽子，大概这边是城里，蚕豆不受人家待见。

我小时候吃得比较多的，是炒煮蚕豆。在铁锅里将蚕豆炒至七分熟，加水煮烂。装进碗里，撒点盐，拍几瓣蒜，淋上香油，拌一拌，当下粥的小菜，既有炒蚕豆的香，又有煮蚕豆的粉，多种美味在舌尖上绽放哩。有些小孩子喜欢把豆壳吐掉，这时大人就会说："不能吐，吃蚕豆吐豆壳的小孩没衣服穿。"哈哈，现在这招可吓不住小孩子了。

小小蚕豆功效大，有助于健脑、降低胆固醇、预防心血管疾病、益气健脾、延缓动脉硬化、促进骨骼生长。另还有一些药用价值呢。

有这么多的保健功能，是不是现在就想把蚕豆吃起？如果青豆已过了季节，那就不要再错过老豆了哦。

## 还是抵挡不了油条的诱惑

尽管心里一再叮嘱自己：不要吃油炸的东西。可是，早晨一到食堂，我还是忍不住去了卖油条的窗口。

油条炸得金黄晶亮，看着就流口水。油条的味道，想起来也是满嘴萦绕。

于是，告诉自己，就偶尔吃一回，也没事。

本来计划买一根，然而，到师傅伸手去取油条时，又改口说："两根吧。"

在油条面前，我实在没有气节。

食堂里不是每天卖油条，一周只卖两次。固定时间，周二和周四的早上。这样反倒有了仪式感，让人惦记，由不得就吃多了。

食堂的油条，中不溜的大小。觉得食堂是单位的，老板肯定不敢乱来，因此，先入为主地认为油是好的，面粉也是好的，油条自然是好的。故，吃起来总觉得格外美味。

小区西门有一家炸油条的，那油条简直是巨无霸，一根抵得上别地儿两根。然而，不因为油条大，人家就买得少。每每还是看见小区里的人，耐心地排着长队，等着油条出锅，然后，买上许多热乎乎的。估计一家老小的早餐里，都喜欢来点油条。也有在菜场那边的早餐店里，一边吃粥，一边来一根或两根油条的。也因为油条个儿太大，这家店都是把油条切成一段一段的给顾客装袋，在店里吃的就放在盘子上，端到顾客面前。

小区东门有一家喜洋洋土菜馆。她家有早点吃，其中也有油条。她家的油条就与西门的完全相反，是那种又小又实心的油条，和某连锁快餐店的油条是"一个妈妈生的"。

我每次去吃，老板娘都骄傲地说，油条是我家自炸的。有她这一句话，那油条便仿佛变得更亲切、更可口了。因此，我也喜欢吃她家的油条。有时，还会在那边吃过早饭后，再买一两根油条带到班上，请同事吃，告诉同事："这家的油条特别好吃！"

这算是一款长得小巧可爱、吃起来可口的油条吧。

# 回乡过端午节，吃到了火烤玉米棒

## 一

端午节，三天假期，今天是第一天，我和先生回我爸妈家。

夏天的农村，田野里，玉米多半长得高过人头，有的已经结了棒豆。

蚕豆已经收了上来，晒场上铺了一场的黑色豆荚。晒干了，就可以打出豆子来。

邻家嬷嬷见我们回家，送来了黄瓜、豇豆，还拔了一捧毛豆秆子来。妈妈让我们把豆荚摘下来，带回城里。

这个时候，苍蝇和蚊子特别猖獗。这一点，是田园生活的缺点。

妈妈剥了蚕豆米，晒在筛子里，准备明天包粽子。还请了表姐来帮忙，因为，妈妈牙齿咬不紧扎粽子的细棉线。前两年都用玻璃丝扎的，但弟媳认为这样放锅里煮有毒。我也感觉这样不好，影响美观和食欲。

妈妈为了我们的欢喜，为了我们的胃口，所以，不自己包了。

中午的时候，在邻居家打了一会儿牌。恰好英儿、小芳回娘家。我们三个，小时一起长大，现在看看一个个都跨过了中年这道门槛，不觉感慨时光从我们的身上滑走了。

二

夜里睡眠不太好，因为头脑里想的事情比较多。按理乡村的夜特别静，特别黑，我可以睡得好。但是，城市里的喧嚣还是没有完全从我意识里消失。

早上因此睡了回笼觉。一般早晨的时候，人能够睡得特别沉，睡得安稳，睡得香。

大概七点多时，听到了表姐和妈妈大声说话的声音。想起昨天妈妈说，表姐今天来帮忙裹粽子，这么说，表姐已经到了。

起来一看，果然，院子里，表姐和妈妈两个正在裹粽子。面前一个大桶，桶内是煮过的苇叶；边上是一个盆子，里面是泡好的糯米、红豆、蚕豆瓣。

苇叶的清香扑鼻。

一会儿，邻居过来，一边裹粽子，一边拉家常，这样的画面，祥和、喜乐。

裹好粽子，表姐就回家了。

我和先生坐在院门口，摘毛豆荚。抓过一枝毛豆秆子，顺着根部往上，摘下一枚一枚豆荚。摘完一枝，将空了的秆子丢在一边，再拿起一枝来摘。两个人边摘边聊天，干这种活儿，有趣得很，心情也愉悦得很。

宽敞的院门外正对着宽阔的打麦场，再过去，则是广袤的夏日农田。远处的绿树，近处的玉米，以及刚收完麦子的大片土地（麦根还留在田里，呈现出好看的酱黄色），在眼前铺展开去。

喜鹊不时从田野上空欢叫着飞过，有几只停在刚收割完麦子的那片空地上觅食，快速地搬动着它们的细腿，摇着身子在田野上走动，很快乐的样子。这画面，同样显得吉祥喜庆。

一会儿，表姐又来了，推着一辆自行车。车后架上，搁着一个饱鼓鼓的蛇皮口袋。

表姐笑意盈盈地告诉我们，到田里摘了一些青棒豆。我一听可欢喜了，这个时候，吃煮玉米棒正当时。

表姐把蛇皮袋朝地上一倒，一堆青玉米棒便堆在我们面前。

恰好妈妈正在煮粽子，表姐顺势拿起两根青玉米棒，娴熟地撕去青色的衣苞，露出洁白的棒豆，让我妈放到锅堂里去烤，说我喜欢吃火烤棒豆。

一会儿，棒豆烤好了。原来洁白的棒豆变成了乌黑的棒豆。这种烤棒豆，焦香四溢。

煮棒豆要嫩一点的好吃，口感会更甜；烤棒豆则要挑稍老一些的，口感会更粉、更香！

## 一件激情之举及山芋藤、盐水鹅、水瓜

今天上午九点多回青蒲，临出发前，先生先步行到小区西门药店买带给老人的药，然后我下楼开车，到说好与他会合的地方等他。这当口，我下定决心做了一件事，那就是把出书的合同寄了出去。此前我是犹豫的，怀着再考虑看看的心态。然而，早上我告诉自己，为了心愿就要积极去行动，不要轻易让心愿被现实给淹没了。

是啊，任何事情去做了，才会越来越体会到其中的意义；而如果做任何事件，都顾虑重重，考虑困难，考虑得失，那就会觉得一切都了无生趣，那人生还有什么意义和光亮呢？

然后我们上路，一路顺畅。到高速路出口时，看到前面排了一长队的车。进了通往村庄的道路，已经中午十二点了。

爹爹奶奶已经吃过中饭，吃的面条。奶奶说，也下面条给我们吃，恰好爹爹今天过生日。奶奶还炒了一盘韭菜，一盘山芋藤。哎呀，同样是韭菜，奶奶炒的怎么这么好吃哩，韭菜的本味特别浓，我们炒的韭菜感觉都没韭菜味。一大盘炒韭菜差不多就被我一个人吃掉了。提到炒山

芋藤，奶奶笑了，说过去是给猪吃的，现在给人吃。又说，吃了可好了，姑妈家桂兰治疗白血病时，医生对她说，回去多吃山芋藤，天天吃！难道这东西对抗癌有用？

晚上三叔三妈也一起来吃晚饭。每次我们回来，他们都来，我都觉得打破了他们的正常生活规律，心里挺不好意思的。三叔带来了盐水鹅，"溱东老鹅"在本地是一道名菜，这家的鹅子又格外受欢迎，价格也不菲。我们吃了也不由得大赞这鹅子好吃，味道浸得深，鹅肉煮得烂，入口滑嫩，香味在口腔内停留时间长。三叔每次都带菜来，我们心里满是感动。

这边的水瓜也特别好吃，爽脆，汁水多，解渴、解腻。我一到这边就特想吃水瓜。白天的时候，嫌太阳晒人，到了吃过晚饭后，我和先生便赶着去庄上超市里买，回来交给奶奶。一会儿，奶奶就把水瓜洗好、刨了皮、切成块，用一个盘子装着，端了过来。我和先生"嘎嘣、嘎嘣"地吃水瓜，真是舒服啊！

# 绿菱角和七月半的"六红"

看到一个网友，写文章好像毫不费力。在她笔下，生活中的点滴信手拈来，而且写得很有画面感。看她的文章我会由衷地感叹：原来文字也可以这么美。

于是，我也想像她一样，见什么写什么，让生活都在文字下美美地展现出来。然而，我坐到电脑前，却半天写不出一个字来。哈哈，最后只好把这一天经历的一些事在大脑中过了一下，便有了上面的题目：《绿菱角和七月半的"六红"》。

## 绿菱角

昨晚，在爹爹奶奶家，孩子、三叔、三妈一起过来吃晚饭。他们提到，今年的菱角老早上市了，但他们还一次都没买过。

以为他们也就这么一说，没想到，今天他们来吃中饭，同时带来了菱角！

看到门前铁丝网状的篮子里，满满一篮的菱角，我被菱角的美感、新鲜感直击，惊呼道："啊，买菱角啦！"

"上午去溱潼街上买的。"三妈说。

他们真是有心人啊，看我们回来，就特意赶到街上去买，对我们真好。他们说"今年一次还都没买过"，其实是舍不得买，而我们回来了，却赶到集镇上买给我们吃！

新鲜的两角菱，翠绿色，仿佛刚从河里采上来的，看着就感觉到汁多，肯定好吃。我赶紧先拍照。哈哈，等下被我们吃掉，它们美丽的形象就看不见了啊。

菜都端上桌时，奶奶就开始煮菱角。我们饭吃好了，煮熟的菱角也端上桌来。虽然肚子已经饱饱的，但是，吃了一个菱角后，又忍不住吃起第二个，直到吃了许多个，把肚子撑得快要爆炸。鲜菱角粉、甜、香，叫人吃得停不下来哩。

## 七月半的"六红"

今天是七月半，也即中元节。奶奶家正好要举行祭祖仪式。此前奶奶已经买回锡泊纸，折叠了"元宝"，准备祭祖时烧化。

祭祖，除了烧化"元宝"，还要进行食祭。我老家的风俗，食祭全是素的，团粉、豆腐，两样菜，不上一丁点荤菜。奶奶这边的风俗，要凑齐六样菜。

今天奶奶准备的六样菜是红烧肉、红烧扁鱼、红烧肉圆、团粉、豆腐、炸茄夹子。把这六道菜摆到桌上，再装七碗饭，上祭三代祖先。祭祖结束后，把菜端下来，去去热气，再端上桌，我们就可以吃了。

红烧鱼还是红烧鱼，红烧肉也还是红烧肉，肉圆是原样，茄夹子也还是原样。团粉则加点韭菜炒了下，豆腐也和着丝瓜烧了汤。

我问奶奶，为什么是六样菜？团粉、豆腐明明是白色的，为什么又要叫"六红"？奶奶笑笑说，一直就这么流传下来的。我又问，六样菜是固定的吗？奶奶说红烧鱼、红烧肉、团粉、豆腐是一定是要的，其他的有什么就上什么，只要凑齐六样就行。

想起在老家我也曾经问我妈，为什么祭祖只上素菜、不上荤菜，我妈也是回答"一直就这么流传下来的"。

都没有明确的答案！

但无论是只有素、没有荤，还是荤素俱全，也无论是只有"二白"（团粉、豆腐），还是必须"六红"，都蕴含了淳朴的民风，寄托了后人对祖先的怀念，对未来拥有美好生活的祝福。

第二辑　一个人也要吃得好一点

## 亲手炸一回肉圆，想不到的快乐和美味

肉圆是"盐城八大碗"中的"一碗"，过节了、家中来亲戚了、有喜事时，必上这一道菜。肉圆好吃，炸肉圆更有趣。

周末，到菜场买了肉糜、荸荠、蘑菇、香葱、生姜。回家，剁碎了，加点淀粉，打三四个鸡蛋，淋点酱油，搁些盐。搅拌均匀，准备炸肉圆啦。

我一个人，忙了个不亦乐乎。

锅内倒入冷油，一边开火加热油，一边着手做肉圆。

我这做肉圆的方法，传承于我母亲，小时候耳濡目染，轮到自己时，有样学样。

拿一把瓷汤匙，从碗或盆里挖一匙肉糊，倒进手掌心里；再刮进瓷汤匙，稍加点力度再甩进手掌心……如此反复。直到把肉糊盘得内里瓷实、外表光溜，之后倒进油锅里。再挖一匙肉糊，重复上述动作，把又一个肉圆倒进油锅里……

小火均匀加热，一个个肉圆浸在油中，被炸得"嗤嗤"作响。待一

面炸得有些发黄，拿一把漏勺，轻轻推动，肉圆便浮出油面。接着拿一双筷子，辅助一个个肉圆"翻身"，把未曾浸入油中的一面朝下，继续细火慢炸。

待到全炸成金黄色，便熟了。于烟雾袅袅中，将炸熟的肉圆捞出锅。肉圆稍凉，我便开吃了，不由得脱口而赞："真好吃啊！特别好吃！到底是自家炸的，好吃！"

是啊，肉圆瓷实，口感丰富。食料里加有荸荠，倍增清脆和清甜，别是一种美滋味。无论如何，买的肉圆吃不出这种味道来呀！

整个炸肉圆的过程中，因为忙碌而快乐。而炸好开吃时，又享受着收获成果的喜悦，很有成就感哩！

我们这里炸肉圆，辅料除了我今天加的荸荠外，还有加慈姑的、加馒头（弄碎）的、加萝卜的，做出各种不同的口味来，下次我可以试着一一炸制。

自己动手做美食，享受多重幸福和快乐，是一等一、美到心花开的乐事哦。

## 亮晶晶的鸡蛋

今日有一个意外的欢喜之遇。

单位昨日通知，今天要集中到阜宁乡村开展结对帮扶活动。下午两点十分，一行二十多人，齐齐地上车，一路向北方而去。

我们先在村部下车，然后，由几名村干部，分头带大家到相应帮扶的人家去。

村部在一条东西向大河的北岸，过一条长长的石拱桥便到。桥下停泊着四五条船只。有装粮食的，有装黄沙的，还有一条船上建了一座可匹敌农村大三间的房子，特别有意思，我兴奋地对身旁的同事说："外国人有房车，这里人家有房船。"

帮扶的村民离村部有远有近，近的很快就完成了帮扶慰问任务，返回到村部，再次在这里集中，等规定的时间到后就返回。

我属于完成任务早的一个。等候其他人时，就沿着河边的大路逛逛看看。无意间发现，河边桥头一块地上，长了一些小树，小树下，十来只土鸡正悠闲地散步、觅食。

我近前仔细观看。这才发现，这块地靠近大路的这边，围了一圈半腰高的网子，原来这鸡是有人专门散养在这边的。

看到这些肥嘟嘟、憨憨的、笨笨的母鸡，感觉特别可爱、特别亲切，小时候大人唤鸡喂食的声音不觉在耳畔响起。

我家在农村，小时候，家里养三四只鸡。白天就在门前自留地里溜达，天晚自然就会回到自己的窝里。后来，养得多时有二十来只。养得少时，每日得几个鸡蛋，每过几天我们就可以吃炖蛋。小时候最美的记忆就是吃完炖蛋后，把饭倒进炖蛋的碗里，拼命地刮下沾在碗边的鸡蛋末，与饭拌匀后吃，又能多吃一碗饭。鸡养得多时，可以吃到炒鸡蛋，还可以拿出去卖钱。

路上放了一个箱形的铁皮笼子，笼边站着一位七十来岁的奶奶。她笑眯眯的，面目忠厚和善。

我便问她："这鸡是你家的？"

她仍然浅浅地笑着，轻轻地回答我："是的。"

"鸡子就吃这里的草，找这地里的虫子吃，不用喂食？"

"也要喂的。"

听她这么一说，我这才发现，在地上有一两个扁平的搪瓷盆子，放了一些麦粒、玉米粒在里面。

旁边的同事就感叹："这是真正的散养土鸡。"

是啊，怎么不是呢？虽然也喂食，那也是喂的粮食，而不是饲料。而且这鸡白天都在户外，受"阳光雨露"沐浴，生的蛋肯定比鸡舍里的鸡生的蛋要好吃，要有营养。

这让我想起以前看的一本小说，叫《亮晶晶的鸡蛋》。书中就讲的一户山村农民无饲料养鸡的故事。亮晶晶的鸡蛋，好想吃啊。

我继续和养鸡奶奶搭话："这鸡晚上也在这里吗？"

"晚上在这里，还不被偷掉啊！"她指着刚才我看到的那个铁皮笼子说："到了晚上，鸡就自动钻到这个笼子里。"

啊，好神奇，鸡们真聪明呢。

我正想，鸡钻到这个笼子里，就在路边过夜吗？忽然看到笼子底部有滚轮，哦，明白了，鸡们进了笼子后，"鸡奶奶"就推着笼子带它们回家，到了第二天早上，再送它们到这块乐园来。

这时我忽然看到笼子上有一个小草篮，里面放了几个鸡蛋，看样子是"鸡奶奶"刚刚从鸡乐园里捡拾上来的。便问道："这鸡蛋卖吗？多少钱一斤？"

"不卖的，自己家里吃。你要吃带着。"

"这怎么行，你说个价钱，我要买的。"

"鸡奶奶"坚持不说价钱，一个劲儿说："你带着，不要钱，不值两个钱的。"

正相持不下，旁边一个同事把篮子里的鸡蛋数了数，说道："正好十个鸡蛋，你就给她十元钱。"

我一听，连说："行，行，就这样。"连忙从包包里找出一个袋子，把鸡蛋往袋里装。

"鸡奶奶"还在一旁说着："不要钱，不要钱的！"

装好了鸡蛋，我就进村部去找人要十元现金。一个人说："你要多还没有，只有十元。"然后从办公桌抽屉中的一个喜糖盒子里抽出张十元纸币。我加了她的社交媒体账号，给她发了十元的红包。

再回来时，"鸡奶奶"正从鸡乐园那儿走开。我上前，把钱给她。她坚决不收，说"不值两个钱，不要钱！"我跟着她跑了几步，硬把钱揣在她口袋里。

到家将鸡蛋喜滋滋地放进冰箱里。哈哈，十一个，比同事数的多出一个了哩。

# 乍见之欢与冬日里的一碗羊肉汤

## 一

星期天，却下起了雨。

我想让先生陪我一起出去走走，他不乐意。我十八般武艺都拿出，威逼利诱全用上，他就是懒得挪步，屁股粘在椅子上，于电脑前下围棋，简直就像是陷在沼泽地里一样，越拉陷得越深。

不但我拉不动他出去，差点反被他拉在家里。他不想去时，我也容易意兴阑珊，生出懒意，不愿往外出。

但我知道，我必须出去。因为，昨天一整天都在家写一份工作材料，如果今天再待在家里，就真的要捂得发霉了。

如果长时间关在家里，我便觉得自己变得心胸狭隘，性情抑郁。而出去就不同了，遇见个人，看见个景，碰到个事，都可能教人心里升起喜悦来。

真的，我后来逼着自己走出去，果然就遇见了快乐，遇见了笑。

临出门，先生说"外面下雨，你带把伞"。我跑到楼上平台感受了下，觉得毛毛雨，不打紧。雨天空中负氧离子含量高，会让人心情愉悦，因此，决定不带伞。

可下楼后发现，真这样走下去，用不了多久就会被淋透。于是，打电话给先生，让他把伞扔下来。初时他不肯，说楼高伞重，别砸了人。

"我看着哩，你放心扔吧。"见我坚持，他这才心不甘情不愿地答应。一会儿，我家厨房那里的窗户被推开，先生在楼上叫我。我仰面应答他，在我的"没人，你扔"声中，先生把伞扔了下来，落地时重重的一声"啪"，让我的神经兴奋，心情跟着变欢。我捡起地上的伞，去掉先生包在外面的塑料袋。这是一把桃色和黑色相间的格子伞，去年和先生去浙江神仙居遇雨买的。想到那段记忆，心里又添一份愉快。撑开伞，我走进蒙蒙细雨里。

出发前，先生让我帮他带包香烟。我当时怨他不肯和我一起出去，就气呼呼不肯。先生说"我昨晚还帮你带面包呢"。我依然不肯。哼，想用我欠你的人情要挟我，没门！

不过，此刻，心情渐好以后，觉得帮他带就帮他带吧，多大点儿事。人的情绪就是这么奇怪，心情好，什么都好说；心情不好，什么都堵堵的，不愿意接受或去做。

二

小区中心湖那边，有一丛长得很高大的芭蕉，每次看到都会生出惊喜来。之所以会有这种感觉，是因为见得少。就我住的这个小区而言，就只有这一丛。所以，世上物件，少见多喜，多见生厌。这也就是为什么我们要多走出去，去遇见更多的新事物、新的人。常见会麻木无感，乍见会令人感到新鲜和好奇，从而生出许多欢喜心来。而多见新的人和事物，也会开了我们的眼界，长了我们的见识，让我们变得更聪明。

走到小区西门时，突然看到前面一人，撑一把黑色的伞，微驼背，轮流"搬运着"两条罗圈腿。我一下子就知道这是个熟人。于是，叫着他的名字，快步上前。他转过头来，也露出乍见我的惊喜来。人与人相遇就是这么奇怪，要是知道会遇见，也不见得会特别高兴。只有这样的不期而遇，才会迸出惊喜和快乐来。

他要去菜场，我要去面包房，不是同一个方向，说过两句话后，各奔各的目的地去了。

面包房里不少人来采购，尤其是还有带了小孩来的，小小的面包房里，就显得特别热闹。后来，我回家后对先生感叹："买面包的人怎么那么多？"先生说："这是富人区。"我不同意，以前这里也有开面包房的，就冷清，然后关门大吉。看来，还是经营上的差别。

先生转而表示同感。

一会儿，我听到有人叫我。原来是先前遇到的那个熟人，他从菜场也转到这里来了。我见他买了三个面包，在排队等候买单。我就问他，是不是就他和他老婆两人吃（我知道他孩子在外读书）。他回"是的"。我打趣他"你们两个人吃三个面包会打架的"。他也笑了。

三

买好面包，回家时我选择了走与来时不同的路。雨丝仍然在飘，空气虽是湿漉漉的，但很清新，倒也叫人不觉得有淋漓之苦。忽然，我被一大丛菊花吸引了眼睛，心里满满地溢出惊艳的欢喜来。菊花秆子很高，花朵很大。花色以白色为主，略染了些淡紫色。由于被雨水淋打，花朵们都半低着脑袋。

把这丛菊花拍了下来并保存在手机里后，我继续往家中走。虽然一路上有乍然相遇的欢喜，但更多的还是冷清和寂寞。一来，我个性不喜欢也不擅长与人联络，不爱往人群多的地方集聚；二来，现在什么东西都网购，更把人与人原先可通过逛街购物而交集的机会给切断了。又，现在不再是过去的大家族，只是小家庭，因此，稍不经意，就容易变成孤单单一个人，寂寞的感觉便会时常来袭。

这时，我忽然想到，上次社交媒体平台的公众号上推出文章《请趁热品尝》后，一位朋友从文章中看到我感冒，又一个人在家，就立即打来电话说："感冒了，去喝一碗羊肉汤就好啦！"

我当时真是心里一热，满是暖暖的感动。然后，我们晚上真的就去喝羊肉汤了。吃羊肉汤的这家店位于小区西门处，店名叫"徐州老乡味"。原来开在东门，生意异常好，客人特别多。后来东门那改造，店就搬到了西门。原先这地儿也先后开了好几家店，都是开开就关了。然而，他们店搬来后，却照样兴旺，并且一直兴旺。

他们家生意红火，我觉得有两个原因。一是价格公道，二是菜做得好吃。我曾吃过他们家的蒜爆鱼，很是叫人回味，吃过一回便总会念想着啥时再去吃。

至于他们家有羊肉汤，我之前还不知道。和朋友坐到最里边的一张桌子，一人点一碗汤，朋友的是羊杂汤，我的是羊肉汤。端上来一看，是平时饭店里装汤的那种大碗，一碗可够好多人吃哩。汤色浓白，里面加了些白菜和蘑菇，汤面上撒一些绿绿的香菜和葱花。尝一口，味道很正，一点膻味也没，太好喝了。这一碗才十八元，我想，放别的店，大概少说也得收个六十元。朋友点了两个馒头就汤（他家的馒头也很有特色），我是一份蛋炒饭就汤，两人边吃边聊。汤热乎乎、香香的；话款款的、絮絮的；欢喜绵绵的、长长的。等吃好了，觉得感冒也好了。

因此，在这个雨天，在回家的路上，在再也没有遇见一个人的时候，忽然想到那次喝羊肉汤，便再次感到了温暖，感动于我这个朋友的细心、体贴和热情。在这似乎一切好，又似乎一切都有点无奈的庸常岁月中，在这个冬天阴雨微寒的周日，我不免深深地觉得，所谓幸福，就是和友人一起，来一碗热热的羊肉汤吧。

# 一个人也要吃得好一点

## 一

晨起，那人已经去上班了。

此前，睡意蒙眬中，听到他在厨房里乒乒乓乓地忙碌，准备着自己中午的饭菜。

复工但不开食堂，他每天得带盒饭。

洗漱后，打开锅子一看，留了一半的菜给我。

但，这是他喜欢的白菜炒肉丝，不是我喜欢的菜。

要想吃到自己心仪的，得自己动手。

择一把青韭，洗净，切成碎末。

抓一把虾皮，在淘箩里用水冲干净。

从冰箱里取一个山鸡蛋出来。从电饭煲里盛一碗白米饭备着。

把干净的锅再用清水过一遍，开火。锅热，倒进菜籽油。油热，开小火，白米饭下锅，翻炒。滴点醋，炒到米粒干、散开成一粒一粒的。

此时打进鸡蛋。划重点：鸡蛋是这个时候才打进去的，蛋液会包着米粒，炒出的米粒呈好看的黄色。这也就是为什么明明饭多蛋少，却叫蛋炒饭，而不叫饭炒蛋。

加入虾皮。继续炒，直到蛋炒熟。开大火，加进剁碎的韭菜末。快速翻炒均匀。这里也要敲黑板，注意：要大火、快炒、时间短，以保证韭菜鲜香及其维生素不被破坏。待韭菜发出香味，快速撒点盐花。起锅，装碗。

香喷喷的虾皮鲜韭蛋炒饭上桌了，好看又清香，补脑又补骨，美美地享用吧。

补记：人一旦动起来，便会分泌多巴胺，心情就会特别爽。而如果是烧菜做饭，那更是特别爽中的特别爽。清脆欲滴的嫩韭，从贵州运来的山鸡蛋，这么放一起，就是一幅画，大画家都画不出来。看着心里就觉得幸福感滋滋地往外冒！

所以，做个勤劳的人，会很快乐。"勤快"一词就是这个意思：勤—劳—快—乐！"勤劳"一词大概也是这么来的。

## 二

听到楼下有吵架声。很好奇，一般城里人不怎么能打照面，偶尔"千年遇一回"，也是彬彬有礼、微微一笑。

于是，想下楼去看热闹。

原来，是一楼人家，把车库打通，前楼梯围起来，建成玻璃采光房，同时通向前面的公共小花园。这样，前面本来属于大家的亭榭花木树鸟都成他家的了。有住户就不乐意，说他们家这样动工，影响了别家的安全。

一楼的这行为，自家是美得不要不要的，有了私家花园，那是江南大户人家的做派，还是古代达官显贵回乡隐居才有的享受。可是，于小区管理而言，他是违章；于邻居而言，也侵犯了相邻权吧。

看来，幸福不是那么容易实现的。

待我走到楼下，吵架人已散去，空留吵架余音。我顺便在小区里走走，打算继续往菜场去。

三

菜场是最生机勃勃的地方，那里有各种水果香，好"色"的则有番茄的红、洋葱的紫、白菜的白、青菜的绿……七色尽全，看你更爱哪一色。尤其是，菜场里聚满人时，那不时撞见的笑脸，哎哟，让人觉得，这日子怎一个"美满"了得。

谷雨都过了，万物显出活泼的生机来。走在林荫小道上，有叶的树木渐渐染上了油润色，没叶的新添了淡青色。饱满的能量，似欲喷薄而出，让走在其中的人，也仿佛吸收到了植物的生机，变得精神焕发起来。

菜场人真是多啊，竟然有熙熙攘攘之气象。看来什么也阻挡不了人们吃好、过好日子的渴望。

到了水果摊前，看到香蕉，突然改变了买菜的初衷。爸妈老去似乎是某天突然发生的事。过去，爸妈没向我说起什么不便之处，可是，现在回去，听得多的是，牙齿不好，这样吃不动，那样吃不动。生生后悔，没有在爸妈能吃得动时多买点好吃的给他们。因此，现在要趁他们还能吃，多买点他们可以吃的好吃的东西。于是，我买了一把香蕉。

又走到炸馓子的摊位前，买了两袋新炸出的油馓子。这个开水一泡，软软的，香香的，甜甜的，身在乡下的父母还是挺喜欢的。

嗯，周末了，正好回乡，给父母送去。

家乡在，我便有去处。父母在，我心便安。爸妈还能爱我，我的幸福便不会离去。

　　出了菜场，遇到一位熟人。嗯，在一个小区里同住了十多年，我们都是相逢一笑而过。今天，忽然想和她说两句话。人到了不同的年龄，想法是不一样的。年轻时，只想拼搏，无暇与人扯闲。而且，有时还有各种顾虑和猜疑，心想保持距离是最好的。而年纪渐大，再遇到这些人时，纵然平时鲜少交流，也在不知不觉中生出了亲切，会让人觉得，啊，应该多和他们说说话、聊聊天。在安好的岁月里有缘相遇，多些交流，本身也是一种幸福。

　　忙于追逐的年代，有许多美好和幸福都被自己忽略了呢！

## 美酒一杯，路人成知交

何以解忧，唯有美食。

下午心情糟糕透了，都是因为近来为工作焦虑、压力大，便想着晚上出去撮一顿，一解忧闷。

和先生一拍即合。

于是，下班，直奔开发区大排档。

进大排档的那条通道旁，新开一家卖散酒的店，在大门外就能闻到浓郁的酒香，勾得馋酒的人不知不觉就拐进去，我也紧跟着进去。

结果，不仅他打了一斤散酒，连我也买了两斤。因为，里面有女人喝的酒：桂圆红枣酿、糯米酿、蓝莓酿。我买的是最后一种。

我本来也有喝酒的欲望。

人真奇怪，一郁闷烦躁，平时不喝酒的人，此刻也想着喝酒。就像平时不抽烟的人，烦恼时也会说：给我来一支烟。大概平时看到烦的人都这么做，我自然知道烟酒有这功能。不仅知道有这功能，仿佛我全身每一个细胞都真切地在呼唤酒，前度已有酒的记忆一般。

进一家小吃店，点四盘菜：一盘拍黄瓜，一盘炒花蛤，一盘小炒肉，一盘茄汁带鱼。中途又到隔壁烤几串羊肉串、两个扇贝、一根玉米，叫店家送来。两人开喝，他照例喝得多，我只倒了大概二钱的样子。就这点下肚，脸上便也开始热烘烘的。郁闷随着加快的血液循环消散了，浑身有种舒畅的感觉。此刻，依然想喝酒，但与一开始不同。开始是想借酒浇闷，此刻是觉得喝酒舒服，心情舒畅，想要更尽兴。

还好，我到底是平时不想喝的，控制住了自己。倒是先生，半瓶都不够。

本来答应我不再加酒的，结果，邻桌一喝酒的搭讪，二人叙起，还是同龄人。那人看上去斯文书生样，一打听，果然是一位中学老师，而且是本市第一中学的。但喝酒豪爽，一介绿林好汉相。两个先是隔空相邀，举杯相敬，没两杯下来，就坐到一张桌上去了。另一桌有位好像打工样的人，也是一人喝酒，不一会儿，也被叫到一起喝。

我不由得感叹酒真是好东西，酒杯一端，不分贫富，不问阶层，也不问年龄，相遇皆兄弟，胜过亲弟兄。

鲁迅说相逢一笑泯恩仇，我看这情形，酒杯一端成知己，世上哪还有什么恩怨。

眼看三人说话舌头都伸不直了，我赶紧想一妙招把先生拉走了。

## 农聚、农景、农食、农牌

这个周末回乡下老家，不再只有我，还有弟弟。然后，意外地，大哥大嫂也回了家。

妈妈说，你爸一念叨，你们就全回来了。

原来，爸爸在家说，这周孩子们不知道是否回来。又说，老三有段时间没回来了，老大也是，老二电话也不打了。

其实，爸妈不知道，大家之所以没有回家，都是有原因的。

二哥医院里规定所有医护人员随时待命，所以不能回来。而弟弟，则直接被抽调在发热门诊，为了安全起见，有意不回家。

而这些原因，此前不跟爸妈说，是怕他们担心啊！

其实，大家都很想回到爸妈身边呢。

这不，一大清早，弟弟就到田野去拍照片了。农家风貌，在我们心里无比亲切。走进乡村，家门口的一物一景，都抚慰人心，叫人感到幸福。什么打拼的疲惫，什么工作的压力，什么对未来的担忧，此刻都不重要了。

麦子已熟，有些已经收割进仓。菜籽亦是。玉米苗已经长到两尺高（大棚长的则已经结了玉米棒）。蚕豆荚已经黑了，我摘了一些带回城，拟晒干，剥出新豆子，炒着吃，煮着吃，美味得叫人幸福上了天。

青椒摘了一桶，洋葱挖了若干。邻居又送来了毛豆、扁豆、西瓜。蔬果之丰，叫人心里满溢欢喜。

这时节，白蝶依然特别多，翩翩飞舞在田野作物间。弟弟盯着拍的一景就有这个，我也忍不住拍了一些。这些小精灵，让农村的田野更增添活泼生机，连同四野不停的声声鸟鸣，构成了美丽生动的田园画景。

炒一盘红红的河虾、一盘青椒炒肉丝，柜子里翻出一瓶十五年前贮藏的老酒，一家人开饭。这样的日子，幸福两字再加美满两字都不足以形容。

当然，现在周末回乡，发现田园生活除了忙农耕、赏农景、观"农天"、享农品这些元素，还多了位"新宠"——打牌。我给起了个配套的名字，"打农牌"。

爸爸年纪大了，加入了村里的打牌大军。村里有这点好处，农闲时可以打上一局纸牌。我爸经常中午才躺下想午睡会儿，就被人叫起来去打牌。老人家也打出了瘾，我们一到家，往往中午要陪他打一局。

这样的生活，其实也是一种很幸福的画景。大家快乐地忙农活，又忙里偷闲，打上一把牌，这种生活，不叫幸福还能叫什么？你说，我要请你说哦！

# 在乡下过周末，吃了一天好吃的

## 一

到了周末，一旦有空闲，我们就喜欢回乡！

我们习惯性地不叫回乡，叫回家。无论我们在外面混得好坏，只要父母在，我们便可以活得骄傲自信。父母在的地方便是我们的家。

其实也有些犹豫，毕竟家不是太近，每次开车，也要将近两个小时。现在感觉频繁地开车，有点累。

但是，闷在城里的家中，又觉得意兴阑珊，日子过得有些荒芜。回家，父母在身边，心里就感觉踏实、安稳。

近来晚上睡眠不好，因此，没有设闹钟的周六，醒来时已经是七点半。收拾要回家的东西，上路时，已经是近九点，还没吃早饭。

于是，开到半路上的大丰服务区。服务区的东西太贵，又油腻，真的不喜欢。买了两个青菜香菇包子，一人一个。吃完，加了油，继续上路。

在服务区歇了一下，再回家，就觉得路程好似没那么长了。

到家，已经十一点半左右。因为下雨，爸妈在家。要是晴天，他们一准还在农田里干活。

见到我们，爸妈很惊讶，问我们："咋不打个电话呢？"

他们正在吃中饭。赶紧起来，问："给你们下点面条？"

我问："有饺子吗？"

妈妈答："有啊。"

我高兴地说："那下饺子吧。"

妈妈说一声："好！"便去忙碌开了。

妈妈后来说："因为今天下雨，没事，想早点吃了中饭睡一会儿的。"

我看看爸妈碗里是啥，原来是南瓜煮面条。

我妈知道我喜欢吃饺子，因此，平时有空时会包了饺子放在冰箱里，我回家时，随时煮给我吃。

趁妈妈煮饺子的空当，我先上床睡会儿。然而，一会儿，妈妈就叫我起来吃饺子。嗯，要是再等一会儿就好了，我还没睡着呢！

现在总是觉得累，头晕，想睡觉。

妈妈包的饺子就是好吃，因为是根据我的口味做的呀。馅儿是鸡蛋、虾米、百叶、韭菜剁碎拌匀而成的。正宗的素馅儿饺，我不喜欢肉馅儿的。

吃完饺子，我妈就开始洗肉，切肉，把肉放锅里煨。这时候，她原先计划的午休早被取消了。

有时我会跑到厨房里，陪妈妈说说话。妈妈就埋怨我："你以后回来不要买这些东西，你孩子上学要用钱……"

嗨，其实，每次买回来的菜，我妈都烧给我们吃掉了。

# 二

我妈烧菜就是好吃，我奶奶烧菜也好吃。她们的手艺，天生的。除了让我确信烧菜有天赋，还让我更相信一点：爱是最高超的烧菜技艺！

是啊，每次我一回来，我妈就忙前忙后地为我烧菜做饭，弄得我每次回家胖三斤。

就说今天吧，妈妈把肉烧在锅里，又去田里挖花生。

我说："田里烂，不好挖吧？"

妈妈说："好挖。"

一会儿我过去看，问："有花生吗？"

妈妈高兴地说："有啊，就是周围都是泥团。"

我一看，可不，泥太烂，花生全被裹在一团一团的烂泥里。

一会儿，我闻到了新花生的清香。禁不住去揭开锅子。锅里是早已洗得干干净净、煮熟了的花生。

妈妈说："就是有点嫩了，你看，（花生壳的颜色）都是白的。"

但我看花生个头可不小，一个个整齐又好看。

盛一大碗上来，剥开花生壳，把花生米扔进嘴里，一会儿就吃光了。

没过多久，又见妈妈一会儿烧火，一会儿往锅里倒油。我问："妈，你又干什么啊？"

妈妈说："把春卷炸给你们吃。"

我赶紧说："不要啊，我们吃花生都饱了呀。"

可是，妈妈不听。一会儿，一碗炸得金黄的春卷端过来。我们虽然嘴上说太饱了、吃不下，肚里也确实没有空间，但还是忍不住把手伸向碗里，捏起一根春卷吃起来。一根吃完，又把手伸向碗里……

吃得撑，我只好跑到门前的大路上去散步，运动一下助消化。

下雨后，农田里泥烂得没办法下脚。然而，我爸此时正在大棚里喷洒农药。

我爸很自律，中午时被邻居叫去打牌，现在邻居还在打牌，而我爸早回来忙农活了。邻居曾笑着和我说过："你爸每次打两局牌就肯定要走，说'回去啦，不然我家老太婆要骂的'。"

其实我做事也要学我爸这种精神。任何时候，人该做什么事，绝不能含糊，尤其是玩的时候，绝不能控制不了自己。

# 三

过去我们在家，把肉当作好东西的妈妈，总是肉里不放别的蔬菜就上桌，真的要叫我们大碗吃肉。而在城里，大家喜欢荤素搭配，有时甚至对蔬菜更偏爱一些。

可不，先生特意叮嘱我，你去和妈妈说一下，烧肉的时候，放些萝卜、土豆进去。

我跑到厨房里去和妈妈说这事。妈妈说："我要把肉煮好后拌给你吃，然后骨头就用角子烧吧。"

哈哈，我妈学了新的菜式啦！

果然，晚上菜上桌，一碗凉拌肉，一碗角子烧大骨头。

我妈八十四岁的人了，还喜欢学习新东西。这一点，我要向妈妈学习，要不断接受和学习新鲜事物呀。

每次回家，我妈便一整天都在为我烧菜做饭。

厨房外，屋顶上的烟囱青烟袅袅。厨房内，是我妈来来去去忙碌的身影。

这是世上最美的画面。这画面发生的地方，是让我最安心、感觉最幸福的地方。

## 奶奶烙的小面饼

生活中难免有许多不愉快的事，那些事情如果不能忽略不记，会怎么样呢？

轻则让自己心情不好，重则引发更多的不愉快。

人们说量大福大，长寿幸福的人，一般是胸怀宽广的人。所谓胸怀宽广，就是面对命运中不够美好的一面，不去计较吧。

当我们把精力放在感知美好的事情上时，开心愉悦也就来了，然后每天就会相对好过一些。

对自己好一点，也是要忽略生命中不友善的一面，比如来自工作的压力，可以尽自己的力量，少责怪自己，假装怪他人对自己的要求不恰当吧。

还是多去想那些开心的事，只记着那些欢喜的事。

我今天开心的事又有哪些呢？

早晨我在家里，奶奶到田里挑了一把韭菜，并且择得干干净净的，让我带回来了；又把住在附近的姑奶奶送来的新花生，洗得干干净净的，也让我带回城里了。

奶奶知道我喜欢吃她烙的小面饼，大清早就起来和面，待面发酵好后，烙饼。平底锅里先倒入一些油，再将稠厚的发酵面倒入锅中，待两面煎至金黄色时起锅。

这饼啊，只能说：太好吃！松软，有弹性，酵香绵长！我真是吃多了。又大又厚的饼，吃了一个，又塞了半个下肚。然后我们出发时，奶奶把多做的两个饼装进了我们回程的行囊。

对了，门前的丝瓜结得不少，可是，丝瓜藤牵到葡萄架上，太高，奶奶拿张长凳站上去也够不着。嗯，一位八十一岁的老人，为了给我们摘丝瓜，竟然还站到长凳上，这情景，也是人间亲情最动人的画面了。我一个劲儿地说"要小心"，一个劲儿地说"让我来"；奶奶则一个劲儿地说"没事"，一个劲儿地说"我来"。

我算是总结出一个规律，健康长寿的人除了豁达宽宏外，还有一个特点：爱笑。我奶奶经常说起什么事来，就会笑。当然，我奶奶是大家闺秀，笑不是大笑，不是爽朗的笑，而是温婉的笑。

回到城里，那带回来的两个饼，都没放进冰箱，就被我和先生一人一个瓜分了。

# 又回幸福村

周末，回乡下老家。

车加过油后，我们直接将车拐进加油站附近的小区，进了一家福建沙县小吃店。他点一碗葱油面，我点一碗馄饨面，两个人吃得有滋有味。

店里此刻只有我们两个客人（上午九点左右）。老板娘抱出一个婴儿，我看只有五个月大，一问，已经十个月了。我们逗她，她笑起来，小脸像只可爱的小猫咪，一双眼睛都笑得眯起来。这小孩咋这么可爱啊！

她爸爸忙碌的间歇，也去拉拉她的小手。这画面，是不是该题两字：幸福！如果硬要再加两字，那就是：温馨！

吃好出来，先生站在车旁悠然抽一支烟，我则不急不慌地站一旁，并且感言道："上路要像旅游一样，一路欣赏，要是像赶任务似的，那就没意思。"

先生表示同感。

如今在车上，他虽然依然神情严肃，但已经从过去的"指挥"岗位上退下来，因此，我们一路上也是和睦多，亲切多。人到中年后，日渐明白，两个人之间，没什么江山好打，能够相依相亲，便算是收获了一枚福气之果。

到了老家所在乡镇，我们去买了一点肉。现在肉可贵了，自从去年一场猪瘟，价格翻倍后，就一直没降下来。所以，在路上，我们感慨牛排吃不起时，同时感慨："猪排也吃不起！"

买肉是因为回到老家，那大铁锅烧的肉，就是比城里煤气灶烧出来的好吃。

今年夏天由于一直下雨，因此没有热天。然而，立秋以来的这几天，却天天高温。

我们到家已经十一点半左右，爸爸还在田里。先生不错，舍不得我爸忙，嚷着要他"快回来"。见我妈准备烧中饭，又忙着问："要我做什么吗？"

当时我因为太困，在床上睡着，迷迷糊糊地听到他们的这些对话。

大概十二点爸爸才从田里回来。然后吃中饭时，爸爸因为太困，丢下还没动几筷的饭碗，就先去午睡，到底年纪大了！我就问妈妈，为什么要这么晚还在田里，要是热伤了怎么办？

妈妈说："豇豆必须今天摘，明天人家就嫌粗不要。"嗯，想想我爸我妈这么一大把年纪，忙农活这么辛苦，我们在外，如果受点什么委屈就算了吧，也够不上抱怨。

待爸爸醒来时，我再次和他说："少赚点钱就少赚点，热伤了就不合算了。"爸爸高兴地告诉我："今天摘的豇豆，明天早上再摘一批，加起来可能有一百斤，能卖二三百元，上次一批就卖了二百九十元。"

见钱就高兴，财发精神长。

谁不是这样呢？愿我爸妈身体好，一切安好！

我家厨房的西边是一口池塘，池塘边长有高大的刺槐树、水杉树，还有泡桐树，投下树荫来。邻居就在树下，堆了一堆玉米棒，几个人便一边乘凉，一边剥玉米，一边拉家常。

这场面，满满的欢乐和乡趣。

**附记：**

回青蒲。到家时，已经中午十二点左右。奶奶正在厨房里做饭菜。爹爹一边问一声"你们回来啦"，一边赶紧打电话叫老三过来。

老三是先生的弟弟，住在附近。每次我们回家，爹爹奶奶就叫他过来一起吃饭。而他，总是或者再买点菜、或者带酒过来，他们兄弟喝上一瓶。

一桌菜，荤荤素素；一家人，团团而坐。菜丰酒香，情亲心欢。

正吃到一半，同样住在附近的小姑奶奶过来了。先生老家这种居住方式就是好，庄子上人们居住密集，亲戚都在附近。同一个庄子里，除了小姑奶奶一家，还有二姑奶奶及其他亲戚。尤其是这两位姑奶奶，常常脚一抬，就跑来哥哥家，"哥哥嫂嫂"地叫着，一起拉家常。这样的画面，实在是极致的幸福图。

今天小姑奶奶是来帮助炸肉圆的。

老三买回肉，奶奶把肉剁成肉糊糊，再和些剁成泥的紫皮白心萝卜。后来我去午休，因厨房就在房间隔壁，便听到奶奶、小姑奶奶，还有老三他们在一边说话，一边炸肉圆，那种热闹开心的氛围从窗户那儿传过来。我便想，这样的场景是多么幸福温馨啊！

我实在忍不住，赶紧起来，跑到厨房里看。铁锅里，油烟飘忽中，正浮着一锅炸得金黄的大肉圆哩。锅边的盘子里，已经装了一盘炸好的肉圆。小姑奶奶见我过来，告诉我，这种大肉圆现在还不能吃，里面没有熟。一会儿，奶奶和小姑奶奶把这些肉圆放进另一个铁锅里，加点水，煮到开，捞出来，沥干水。告诉我，现在可以吃了。

炸了大肉圆，再炸小肉圆。炸好的小肉圆是可以吃的。奶奶和小姑奶奶都叫我用筷子搛着吃。我则直接动手，捏起一个，送进嘴里，咬一口，嗯，到底家里炸的肉圆，实在，吃到了浓郁的肉圆本味。小姑奶奶说，这叫真肉圆，外面买的里面放了许多别的东西，是假肉圆。

出发回城时，我们带了一大碗肉圆回来，有大肉圆，有小肉圆。奶奶一个劲儿叮嘱，大肉圆放微波炉里转一转就能吃，小肉圆烧菜汤时放进去同煮后吃。

老三在旁边笑着说，你还担心他们不会吃啊！

当晚，我们便用新鲜上市的黄芽菜，加点线粉，加进些小肉圆，吃了顿荤素适中、清爽鲜美的晚餐。

# 美味莫过山芋糁子粥

你也一定有过，那些记忆里的美味，浸满家人间的温情，伴着岁月迁移，永不散去。

——题记

先生害了带状疱疹，那真是来势汹汹，头天只七八个红斑，第二天便红成了一片，第三天呼噜呼噜冒出了透明的水泡，整个疮体犹如一条吐着毒信的赤蟒，盘踞在左胸及后背上。

听多人说起过，这个病很疼的。真信了！别说他有多痛了，我这看着都觉得心惊眼刺的。

于是，一旁监督着，不许他嘴馋，肉不能吃，酒不可喝，烟最好也少抽。谨遵医嘱，只弄些清淡的饮食给他吃，一心巴望着这"巨蟒"早日化龙而去。这其中，便有一道主食：山芋糁子粥。

十月，山芋正上市。而新鲜的玉米也早磨成了糁子。把山芋洗净，薄薄地削去表皮，切成一段一段的，放进砂锅里，加上水，点火开烧。

取出半碗玉米糁子，加入冷水，用筷子搅匀，待砂锅里水开了，慢慢地倒进去，一边倒，一边用筷子大圈地搅匀。然后，盖上砂锅盖，小火煮沸。不到五分钟，山芋也烂了，粥也稠厚了。

香喷喷的，拿碗装了，开吃。

今早我煮这粥时，厨房里小火炖着，进了客厅看书。一会儿，闻到了焦味。原来，烧久了，沉到锅底的糁子糊了。

先生起床，鼻子嗅嗅：什么味儿？听我说了后，他笑着说：你知道像什么味吧，就像先前我爹爹在场上煮猪食的味道！

常听先生说起他爹爹看场的故事，那都是些美好的往事。无忧无虑的童年、少年的记忆，留住的都是些无法用语言表达的美好的情结。

我也有这样的情结。

小时候，到了冬天的晚上，劳动了一天的爸妈，吃过晚饭后，便开始在厨房里削山芋（不是去所有的皮，那是舍不得的，只是削去放久了冻坏了的部分），用来第二天煮玉米糁子粥。

削好后，爸妈会带几个过来，我们便坐在床上生吃起来。一边吃，一边还说着话，聊着天。

那生山芋的味儿，清甜、脆嘣、爽口。

早晨，爸妈把山芋粥煮好（我们渐渐长大后，这活便由哥哥们承担了），满满一大铁锅放着，然后去上早工。我们兄妹几个，起来洗漱后，便要吃了这粥再去上学。那时不懂事，山芋往往都被我们捞吃光了，只剩下薄粥寡汤留给父母。

谁叫那煮熟了的山芋，那么甘甜，那么粉糯，那么喷香呢。

又谁知道，这削山芋，这山芋糁子粥的香甜，会穿过岁月，变得更加厚蕴，沉淀在心底，渗透在平常的生活中，香甜了记忆、心田和每一个琐碎的日子呢！

## 好吃带带带

慈母手中"箱",临行密密"装"。

早晨,看央视新闻播报节目《朝闻天下》。当看到报道火车站返程旅客,都大包小包装着从家乡带回的各种"好吃的"时,心里感触万分,眼睛发胀,泫然泪下。

这一袋一袋的,装的不只是年货、地方特产,这装的都是家乡的味道,是父母浓浓的爱意。

父母在,我们的心便有了安放的地方,在外面时,再大的风雨都有底气去抵抗;家乡在,我们便有了落脚的地方,在外面时,再苦再累,心里都有方温暖的港湾。

不只是过节,每次回家,我妈都装了大包小包的让我带回。这带的,不只是父母的关爱,还是一种踏实,一种幸福。这说明父母还康健,说明父母还有供给我们的力量;说明时代好,日子好过,父母还有富余。

记得春节前几天,我有事临时回家一趟。夜晚才到家,父母已睡下。第二天一大早,天还未亮,我们便又出发。这出乎父母的意料。当时,天冷得很，听到车子发动的声音，妈妈急急地从屋里冲出来，抢着给我们收拾让带走的东西。她一会儿到厨房，从碗柜里拿出头天炸出的肉圆；一会儿又跑进大屋里，从冰箱里拿出新包的春卷；一会儿又想到放在后屋的剥好的花生米。

外面霜气很重，我和老公都穿着羽绒服，而妈妈因为起来得急，没来得及披衣裳，还只穿着睡时的棉毛衫裤。她就这么来来回回忙忙地奔走着，全然不觉户外的寒冷。

我和老公一再催促她，过年我们就回来了，不用带很多东西，你赶快回屋去！可妈妈就是不听，驼着背，弓着腰，快步跑着，拿这拿那……

可怜天下父母心！在儿女面前，再弱小的身子，再老迈的年纪，都能拼出惊人的力量。

我一面感到幸福，一面也感到酸楚。在父母的爱面前，我永远做不到"不念过往，不畏将来"！

父母多爱我们一分，我这怕失去的心便多重一分。幸福有多浓，忧心便有多深。

每一次回家，我们都被爸妈的呵护团团包围着，任我们在外面多么强大，在家里，在父母身边，我们都变成了"小小孩"，变成了"废柴"。

父母前前后后忙碌着，我们像嗷嗷待哺的幼雏，任父母"侍候"着。

父母见着我们便欢喜，围绕着我们做这做那。

我们喜欢的东西留给我们，我们喜欢吃的饭菜给烧了许多。临出发了，各种农产品一包一包地装好，塞进我们车里。然后，平时念叨着：这个是孩子们喜欢的，多拿点；那个是孩子们喜欢的，多拿点……

大前年冬天，我爸妈建房子，上梁那天，按照传统风俗，我们回家庆祝。然后返回时，忙得转不开身的妈妈，依然到田里去摘回大白菜，挖回青菜，拔回萝卜，又从家里装了红豆、黄豆、花生，让我们带回。

一位在我家帮工的妇女，见我们大包小包地往车上放，停下手里的活，笑着说："带，带，天下的爸妈都姓带！"

她虽是调侃，可我觉得这一个"带"字，说得真精准！

一个"带"字，是一部天下父母爱子女的历史大剧，任多少笔墨也写不尽。一个"带"字，不只包含了人世间的浓浓亲情，说出了当下父母爱子女的表达形式。这一个"带"字，也是一个时代的情感、文化、文明的浓缩。

能够带，有得带，多么幸福！

## 腊月里的珍珠团子

腊月黄天，归家正当时。

周末，我和先生驱车回青蒲，看望先生的父母。这个季节回家，有许多与平常不同的幸福事，在把我们等候。

随着小车向前，老家越来越近。路两旁的景观在眼前徐徐打开。满天弥漫着、荡漾着，春节来临前特有的喜庆气息，投射到心里，叫人满心里泛起明媚快乐来。

进入老家的小巷，亲切、热情迎面而来，乡邻的问候一路相接。

走过长长的小巷，推开家的院门，迎接我们的是温馨，是欢欣。两位老人，站在家门前，笑容可掬，问一声"回来啦！"。我们的心情立马如一池春水，推开一波一波欢快的涟漪。

老人一个电话，家住附近的小叔两口子过来了。

弟媳是个勤快人，不停地在主屋与厨房间跑来跑去，笑盈盈地盛饭、端菜、摆筷子。

"家兄酷似老父亲，闲来可曾常沾酒。"父子仨端起小酒杯，可说的话儿如泉水不断地往外涌。从家事聊到时事，从工作聊到村里人家开的公司……不知不觉，几个时辰悄然过去。

见木桶里浸泡着糯米，问老人，原来是与我们同城的大伯想吃家乡的"米团"了。

晚饭后，两位老人就在厨房里忙碌开来。公公做米团，奶奶则烧火置蒸笼，忙得不亦乐乎。

公公先是将糯米粉用水调和，揉成一大块面团，再揪成一小块、一小块。搓匀了，擀成小饼状，包入馅心（青菜、豆沙、芝麻），再揉成团，放进先前浸泡的糯米中，滚几滚，粘上一层糯米粒，然后放进蒸笼里。蒸熟，米团便做成了。

刚出笼的米团外面的米粒亮晶晶的，似粒粒晶莹的珍珠，因此这种米团又叫珍珠团子。每到过年时，这边人家，都会做上这种珍珠团子，在春节期间的每天早晨，会将团子或者再清蒸加热，或者加进粥里同煮，是节日里的美味之一。

厨房不大，堆着高高的稻草堆。我在一旁看着两位老人忙碌，一边和他们拉家常。三个人在厨房里，就显得有些挤挤挨挨的，但暖和、热闹，笑声如那锅上的热气，蒸腾缭绕了一屋子，也鼓满了我的身心。

记得白天的时候，坐在堂屋里，晒着暖洋洋的太阳，公公无比欢喜地告诉我们，大伯给他们买了好几件羽绒服；又拿起一双皮鞋说，看，还买了新皮鞋。幸福感溢于言表。

说完，又感叹道："现在真是享福啊，穿也穿不过来，吃也吃不过来。"公公说这话时，我联想到小时候，过年想要添件新衣裳，那简直比登天还要让人心向往之。

第二天早晨，因先生班上有事要处理，吃过早饭我们就得急急往回赶。于是，两位老人起了个大早，到田地里，挑回了青菜、大蒜。

早晨是下了霜的，到我们起来时，见人家屋瓦上还蒙着一层薄薄的白霜。翠绿的蔬菜上也是如此，霜毫闪烁。

　　我们便载着这些沾霜带露的蔬菜，载着昨天晚上蒸的珍珠团子，还载着两位老人的叮咛，载着邻居的笑容，开上了回城的路。

　　人在画里行，心在幸福的年光里笑。忽想起齐白石《松鹰图》上的两句题联，不免在心里轻轻念起——

　　人生长寿，天下太平！

## 送年礼，想起那时亲戚多，小孩也多

看群鸟欢鸣，飞过丛丛青竹的枝头；看许多的车辆，在大马路上穿梭，来来往往；看一串串大红灯笼挂在公司店铺的门前。忽然意识到：哦，新年就要到了。

新年到，有许多美好的年事萦上心头。所有的年事里，都溢满了欢喜和吉祥，最满的是浓浓的亲情，温馨飘荡天涯。

这当中，我最念想的是小时候，奉了父母之命，去送年礼。

乡村里，过年前一个月，就是送年礼的季节。后辈要给长辈亲戚送，然后，到大年初二的时候，去拜年，长辈就要给我们这些跟着去拜年的小孩"包喜"，就是现在的压岁钱、红包。

所以，送年礼，对于我们小孩来说，就是喜悦的开端，盼年来的揭幕。

有时候，爸妈会自己抽空把礼送了，但大多数时候，会让我们这些小孩去送。爸妈因为农活或准备年事而走不开，还有一层原因，那就是穷，送不了多重的礼，爸妈面薄，不好意思见亲戚，就让我们这些小孩去。我们小孩哪晓得大人这些心事，只觉得这是个新奇且欢喜的事儿。

那时，送礼正常有三四样，二斤猪肉、一斤白糖、一包京果、一包柿饼。有时，爸妈只备得起前两样。这些礼物装在一个小竹篮里，小孩子挎着，就步行送到亲戚家。

我们家要送的亲戚特别多，我记得那时有外婆家、舅爹爹家、姑奶奶家、姨奶奶家。舅爹爹倒只有一个，而姑奶奶和姨奶奶各有三个。另外，我家还有个特别的，外婆也有三家。

因为，我妈身世复杂，又重亲情。所以，既有生父母，还有养父母，然后，还有妈妈的伯父母。我们分别叫海里外婆、外婆和大外婆。亏得我们小孩记性好，分得清门儿，从不会错。

海里外婆家比较远（现在看也不远，那时人小腿短，觉得好远），送礼时，我和弟弟两个小人儿要跑好长时间。对了，因为哥哥们还没放寒假，因此这送礼的美差，印象中多半是我和弟弟去。

两个小人儿，挎着装礼的竹篮，穿着"套脚"嘎吱嘎吱响，踏上送礼的路。"套脚"，别的地方可能没有，我们小时候可普遍了。就是木头底蚌形棉鞋，防潮，穿上可暖脚啦。但是，走路就重了。

海里外婆家是富裕之家。后来，听妈妈讲，原先外公是在外经商的。虽然生意小，但我们也感知到外婆家比我们家富，因为，外婆家的房屋比较大，窗子全是雕着繁密花饰的格子窗。

外婆非常疼我们，每次妈妈因为礼少不好意思，外婆总是说，送不送都不要紧。然后，我们去了，外婆就不让我们回家，一定要我们留在那儿。每次我们不得不回家，外婆就眼泪涟涟的。印象比较深的是站在家柜前，背对着我们，一边抹泪，一边说："我这个大姑娘啊……"言下之意，怪妈妈非要我们回家。妈妈是不好意思让我们在外婆家久留，而外婆是舍不得我妈受苦，认为我们在她家生活好些。

我们也喜欢留在外婆家。倒不是因为大人们的这番苦心，而是，小孩子总好玩，喜欢跟小孩玩。与外婆住一起的舅舅家有七个孩子，住在附近的小姨妈家有四个孩子，小孩之间容易自来熟，我们很快会和邻居家的小孩玩成一片。

我记得邻居家的两姐妹，姐姐长得和我很像，但性格腼腆些。村里人常常好奇地端详着我俩的脸说，太像了，太像了。倒是她的妹妹，和她不像。而且，她妹妹和我玩得特别好。我要回家时，她便哭，然后拉着我的手不放，一遍一遍地说："你明天再来，一定要来啊。"

那个头顶扎个小辫、皮肤雪白、大眼睛、圆盘脸的小娃娃，后来长大了更好看，小脸长成锥子脸型，螓首蛾眉，特别秀气。但因为上学后我不怎么去外婆家，所以她已经不认识我了。且长大后，女孩间也不好意思相互说话。有次我去外婆家，从她家门前经过，看到她站在场边削苹果，可是不认识我，我盯她看了好一会儿，才带着遗憾走开。

到别的亲戚家送年礼，也有许多难忘的快乐回忆。最让我怀念的，同样是依依的亲情、一家又一家的亲戚、一群又一群的小孩。欢乐特别多！

# 江南人的面馆

周末，雨比较大。马路上，一辆接一辆的车刷过，更带得风声、雨声盈耳！

近九点了，小区里许多人撑着伞，从菜场拎着大袋小袋回来。

通知九点半加班。看看还有时间，我拐到小区西门的吴都面馆。

这面馆，南方人开的。门牌很高，须仰视，尽显贵门威势。

进得门，一楼集厨房、点餐、用餐于一身，地方又小，显得有些局促。

点餐处对着进门，最角落里，在楼梯下一小块地儿，设一柜台，站有一名女服务员。服务员身后墙上，一溜排着四排的木牌，每排挂二十个左右二指长的小牌子。

客人就指着小牌子点面条、饭、菜、点心。

右手边便是就餐区。玻璃橱窗后师傅正在忙碌地操作。服务员从小窗口接出客人点的餐点，用一个精致的木质托盘端送给客人。另两面贴墙处是一排丁字形木桌，中间又放一长条形木桌，桌边是长木凳。桌凳都故意弄得很粗糙，似乎是深山老林里的大树砍了、锯成板、上过漆做成的。

主格调仿古、仿天然。走进来，便走进了古色古香的世界。

点好餐，我一般喜欢到楼上去。

楼上雅致些，不像楼下那么简易。又清静，也略显宽松。

四张精致的红方桌，一式厚重的红板凳。我挑一张靠窗的空桌坐下。

四面墙上，挂着四帧小框画，分别为烟雨江南小景。

我观察了下，周末，一般是一家人一起来吃早点。

到这里吃的人，应该讲，生活层次是比较高的。

不久，有母女俩也坐到了这桌。那母亲有六十多岁，女儿三十出头的样子。

一会儿，我点的清炒虾仁面端上来了。那母女俩一个面前是一碗腰花面，一个面前是一碗大肠面，看上去都够馋人的。

不忍下筷，先拍张照片再吃。

吃着吃着，面下去了，碗边上"吴都面馆"四字显出来了。得，再拍张照片。

对了，这餐具也很有特色：鸭蛋绿的底子上着青色的花，厚重而又精美。

吃完面条，那汤我也想喝干净。因碗重，便想去拿汤匙，却发现自己被满桌的客人挤在里面，出不去。

正准备叫服务员，这时，坐在对面的那母女俩却热情地站起身去帮我拿，我激动得连忙感谢。

母女俩不知道我喜欢用笔写下所遇，不知道此刻她们的热情已走进我的文字里。

这店里的服务员也挺漂亮的，透着股灵气。连衣服都好看，粉红衬衫，外围咖啡色围裙，咋看咋像韩剧里走出的女主角！

# 诱惑的"溱东味"

## 溱东早点

回老家,溱东镇就在近旁。孩子三叔提议一起去吃早点。

溱东镇,现代风与古风相交融。建筑很美观,如同在画里。街上十分热闹,商品琳琅满目,行人熙来攘往,一派鼎盛气象。

孩子爷爷说,一拨一拨的外地人,都来这边旅游,不知有什好看的!

嘿,这是他家门前景,他天天看,自然乏味。那外来人,可以赏古风,感受独特的地方文化,品评各类鱼制食品,自然是觉得到了水乡泽国,美不胜收了。

溱东早点也是颇有名的,常听人说起。每次回来,家里人便邀约:"到溱东吃早点去。"

进了早点店,迎面约二三百平方米的大厅,四四方方的,中有廊柱将大厅隔成一块块的小方厅,柱上有着仿古雕饰。整个建筑,从外到内,都是古韵悠悠。

厅内大概有二十来张圆桌，都坐满了人。桌与桌之间的过道里，也都站着人，服务员端着蒸笼在其间穿梭。此刻才是七点多一点，吃早餐的人咋起这么早啊？

这边是旅游景点，这暑天里尚且人头攒动的，那要是旅游旺季，岂不更是宾客盈座？孩子三妈说，这里天天早上爆满。

因我们只有六个人，点的品种和分量倒是不多。一份烫干丝，一份煮干丝，一笼汤包，春卷、南瓜饼、甜饼各一碟，最后上一道鱼汤面。

这甜饼值得特别提一提，它是这边独有的点心。盘子端上来，一薄层油白皮面饼摊在其上，切成一块块的小方块，边缘露出淡淡的晕染紫色。这饼有点像印度飞饼，只是夹心是红豆沙。

孩子三妈抱怨，太吵了，应该定个包厢。其实，我挺喜欢这种氛围，热闹呀。眼前是美食，耳旁是欢言笑语。况且，俗话说，一人动嘴十人馋。这么多人在一起，就觉得这早点更美味了。

## 溱东特产

菱角。新摘的，刚煮熟，咬去两边尖角，对着"肚脐"再咬一下，撕去中间段的皮，对着菱身底部一咬、一抿，肉便挤进了嘴中，清香、嫩甜、粉糯。

水瓜。青皮，个头比香瓜略大。洗净，切成四瓣，取一块，送嘴里，咬一口，脆生生，汁水满嘴淌。清甜，爽口。夏日解暑佳品。

林鸡。当地老两口包下一块林地，散养，林鸡单吃虫草，夜宿树上。南来北往，名声大噪，慕名来买的人络绎不绝。

稻鸭。孵出的小鸭，打小就放养在水稻田里，不喂饲料，由它们自己在稻根下找鱼、找虾、找螺螺吃，就这么自由自在地长大。"三年的老鸭胜人参"，更何况这种野生纯天然的稻鸭呢，那肉都是带稻花香的。因此，也是引得远远近近的客人前来争相购买。

到了这边，减肥的毅力土崩瓦解，全盘计划统统快乐流产。忍不住吃了又吃，诱惑难以抗拒啊！

## 第一次吃韩菜

听说城东一带，开了一条街的韩餐馆。先生便说："和你一起去吃一次，如何？"

于是，约定了今天晚上。恰好周末，欲与韩国菜来个浪漫的相逢。

我下班比先生早，便先回到家中等他。

早春二月，春寒料峭。阴冷，天黑得早。六点半左右，先生打电话来，让再过十分钟下楼。又不忘交代一句："天冷啊，多加点衣裳。"一句话，抵挡了晚来的风寒！

反正是晚上出去，月黑风高，谁能瞧见，也不怕把自己裹成粽子。于是，穿上厚厚的风衣，舒适的布鞋，一份随意在周身荡漾开来！

到楼下时，昏暗的夜色中，先生正缩着个脖子，转来转去的。问他咋不打电话叫我下来，在这风里头等，多冷啊。他笑笑说："刚到。"

坐上电瓶车后座，把风衣帽子戴到头上，还是觉得风直往身子里灌，人如浸泡在水里一般。便又把手伸进他上衣口袋里，贴着他鼓鼓的大肚子焐暖。

来到韩餐馆。一进门，开着空调，暖暖的，立即感觉好舒服。灯光明灼灼的，也透出温暖的黄。楼下分成两个开放式区域。沿着过道向西，左手是中国式的，有座椅，不需脱鞋；右手是韩式的，要脱鞋，盘了腿，席地而坐。

来的路上先生说过，他脚臭，不要脱鞋。看看左手人满为患，右手还有一个空位，就悄悄对他说："要不，脱就脱吧。"他正犹豫着，这时，服务员迎过来说，楼上有座。

上得楼来，和楼下布局差不多。开放式的韩式区域，也是挤满了人。向里的中式包间内，共四张桌子，我们在靠门的一张空桌前坐下，点菜。包间内热气腾腾，十分热闹。有吃火锅的，也有烤肉的。大人小孩吃得正欢。着红衣的服务员不停地穿梭其间。外面的吆喝声、欢笑声也不时地传进来。

看看菜谱，品种真少，就寥寥几个。我们点了烤五花肉、泡菜豆腐、米肠泡饭、一瓶米酒。待菜上来一看，颜色也少，只红（辣椒、蕃茄酱）、白（豆腐）、绿（生菜）三色。

不过，价格倒是不菲。酒店清爽，装饰倒富丽。先生似也认为奢侈了，低声和我说道："好像蛮贵的啊？"又说："潇洒就潇洒吧，要不生活有什么乐趣？"

韩菜有个特色，上主菜前，先端上来几个小碟子，内装一点泡菜、生洋葱、杭椒、辣豆角、腌萝卜。米酒倒在小碗内，烤肉用翠绿的生菜卷着吃。先生说："我们像是梁山好汉，大碗喝酒，大口吃肉。"我纠正他："酒碗是小的！"

吃着菜，不时与先生碰碰酒碗，听他讲些花边新闻，说些杂碎故事。他不时点一支烟，悠然地吸着。温柔的灯光，米酒的酿香，袅袅的烟雾，蒸腾的热气，笑意盈盈的脸庞，低声畅谈的欢语，蒙蒙眬眬的氛围笼罩人影、洇润人心，真是奢华的时光啊！

包间内暖洋洋的，三五口米酒下肚，菜才吃到一半，我便觉得饱了，先生也说是这样。再一个意外的好处就是，我竟觉得一丝困意泛上来了。往昔，每到晚上，常会担心失眠。今晚，估计无须此忧了。但剩菜是舍不得的，因此坚持到"光盘"，只是肚子撑得慌。

一个狂放、温暖、幸福、浪漫的晚上！凡俗简单的两个人，平时节俭，偶尔放纵一回，便觉得生活真是有味！

# 一个人的煲仔饭

因故，不能去食堂吃饭。

可是，这大夏天的，日头烈得很，大老远地跑回家，也是一人吃饭，还不如待在办公室里。

"到单位附近去吃个煲仔饭吧。"

那个爱吃煲仔饭的同事这么一提议，诱得我食欲大开，别说，我还真是个超级"煲仔饭控"。

那烤得黄黄脆脆的锅巴，那特别香的长身子大米，那鲜美的烧菜盖浇头……

嗳，嗳，流口水了。

说实在的，中午还真是个去吃煲仔饭的好时候，晚上就不宜了。

一来，中午吃过了，有下午半天的活动，可以消化掉，不至于把自己变成"煲仔饭"。二来，中午去没疑问，这晚上，别人还以为是约会的。对了，煲仔饭，似乎只有咖啡厅里有。

那样浪漫的地方，多数是情侣去的。

中午下班，直接去了咖啡厅。择一卡座，临窗而坐。

一个人很安静。

但也稍有些惴惴不安，总怕别人看着我一人在，投以疑问的目光。

其实，等待时是不用怕的，因为，可以解释为我在等人啊。

也不用担心等待的时间长，因为，在那环境里看书，简直是种享受。讲真，我最喜欢在那种地方待着了，要是有可能，让我在那里待一天，也觉得是享受。

只是，一个人在卡座里看书，似乎也是件让人不好意思的事。有点另类，不入主流。

谈事的有，约会的有。看书，反倒是件让人嗤笑的事了。这其实，应该也是文化的一种悲哀吧。

就看看窗外的风景，倒也能应付过去。

临窗看风景，也是我喜欢的。尤其那满窗的绿，特别让人心情舒畅。可惜的是，满眼看到的是毗连的商铺。

然而，这儿也不是十分繁华。

其实，最后，我是拿起手机在看。这是何时何地众人皆认可的做派。唯低头看手机这情景，天下人都一家亲。

社交媒体平台的朋友圈翻着翻着，公众号看着看着，煲仔饭上来了。揭开砂锅盖子，热气升腾。浇上汤汁，嗞嗞作响。

多么惬意的中午，多么美味的中午，如果没有那么多顾虑，就更妙不可言了。

第三辑　有好吃的就有好心情

## 乡下备年，样样好吃又好玩

遇一朋友，说："哎哟，都要过年了，咋一点感觉都没，家中还什么都没准备。"

是啊，每天上班，这年的气氛就淡了。要在农村啊，蒸馒头，磕糕，炸团子，做糖；买喜钱、花联、年画；添新衣，送年礼；炒花生、瓜籽。那就真分分秒秒都被年味包围了。

前些天，社交媒体平台的朋友圈里一朋友说，第一次亲自蒸馒头、磕糕，增加年味。看着就觉得浓郁的馒头香、糕香穿过网络而来。

看来，年的这些仪式，还是不能丢的，这样才会感受到过年的味道。

我们小时候，每到蒸馒头和炸肉圆的时候，那简直是像在天堂一样的日子。

蒸馒头的面粉是好多天前就用机器打好的，放在家中。就等蒸笼传到村里时，便着手蒸馒头。

提前几天，村里就开始相互打听，蒸笼到哪里了。说，快了，再有两天就到我们村了。

102

然后，大家根据预约的先后，排着队，一家一家地开始蒸馒头。

下家会不时地去上家打听，这边能够和面发酵了吗？我印象中，灶边上，并排两口大缸用来发面。一般是爸爸负责和面。锅里烧滚了水，把一袋袋雪白的面粉倒进缸，和进泡开的老酵母。爸爸脱了棉袄，只穿单衫，袖子高高捋上去，开始和面。面越和越筋道。先是翻搅，最后用拳头捣面。"要得好馒头，三百六十拳头。"

和好后，盖上盖子，再捂上厚厚的棉被，缸的外周铺上厚厚的草以保温。

这个时候，到上家去看的频次就高了，因为，这面发酵的时间要恰好。时候不到，馒头会硬；时候过了，馒头会酸。

如果要到夜里才轮到，那么小孩子也都跟着兴奋得睡不着。听说"快了，快了，上家还有两笼就好"，小孩们就觉得最幸福的时刻要来了。而这一刻，就是爸爸把笼挑进家时。

笼是木头的，方形，共八扇。每扇可蒸九个馒头。馒头很大，圆形。在笼里纵三排、横三排，像连绵的山头。

上家会在笼里放上七八个馒头给下家。这馒头蒸得好坏，很有讲究，大人们似乎把来年的运气都赌在了馒头上。蒸得好，便预示一年好景；而蒸得不好，心里便笼上阴云。

因此，小孩们虽然乐坏了，可是，禁忌很多。大人们不时叮嘱小孩，不可乱说。

笼回来了，面也发酵好了，开始蒸馒头。会有亲戚来帮忙，家中就显得挤。锅上锅下，做馒头，上笼，出笼，倒在柴薄子上，往竹箩里拾。分工自成，不亦乐乎。

灶堂里，早就劈好的木柴，高高架起，燃起熊熊的火焰。小孩这个时候最喜欢在锅门口玩，或就睡这儿，暖和。大人们也有这时在这里洗澡的。

一片兴旺景象，像灶堂里红红的火。

磕糕，也很热闹，但没有蒸馒头这么隆重及壮观。

糕的材料是糯米粉，先用冷水泡潮。糕箱，也是木制的，中间是一个个的方格。妈妈用箩筛把米粉筛进格孔里。一般底板刻有花纹，所以蒸熟的小方糕上，会印上各种图案。

没花纹的，用食用颜料粉，加水调汁，筷子蘸了，点一个桃红圆点在糕中央，很好看。还有用一种草种子的壳蘸汁，点上去就是一朵桃红小花，更好看。

这活儿，是小孩们的最乐之事。

糕蒸熟，端到柴薄子前，揭去上板，倒扣，用棒子在底板一敲，再一磕，糕就倒出来了。所以，叫磕糕。

炸肉圆，最勾小孩馋。把肉剁成细末，拌进萝卜泥，或慈姑丁。打十几个鸡蛋进去，放上佐料，搅成糊。锅里放上油。妈妈一手汤匙，挖一团糊，在掌心和汤匙间倒来倒去，待糊匀清，倒进油锅。做满一锅，细火煎，适时用铲子轻推团子。待煎得焦红，浮上来，就熟了。站在灶边的小孩，哈喇子直流。大人把熟了的肉圆，搛进一个大碗里。小孩伸手就去拿，两手颠来颠去，等不及地送进嘴里，呼呼吹气，说，烫！又说，好吃！

一般头两锅都被小孩吃光。大人一再叮嘱小孩，不要吃啦。可是，小孩们抵抗不了这满屋的香。

吃伤了的，不少，我就常常是一个。

做芝麻、花生糖，除尘，贴花钱，样样都有趣，都好玩，都幸福。所以，至今想起，好像小时候的自己就在眼前，蹦着，跑着，笑着，闹着，吃着。大人们也在眼前，忙着，笑着，说着小孩……

这样的年，一辈子难忘。

# 最好的人生

今天周末，先是夜里睡不好。醒来，反复折腾无法入睡。睡睡醒醒，早晨就浑身难受。到八点左右才起来，漱洗后决定到"白面包"家去吃早饭。

"白面包"家，位于我们小区马路对面。出了小区东门左拐，向北再走二百米就到了。

这条路叫戴庄路。从今年开春就开始封闭施工，一晃半年过去了，到现在也没好。马路上一片凌乱，到处是机器作业的噪声。路两边的门市可真倒霉了。那天，先生常去买香烟的门店老板叹息："亏死了！"

我们这边卖烟酒的门店，基本都是浙江人开的，不知道本地人为什么不开这种专卖店。

外地人在这边，远离故土，也辛苦啊。像刚才提到的那家烟酒店老板，四十来岁，前阵子他老婆还来这里的，二宝刚学会走路。然后他老婆又回去了，要照顾大宝上学。这一家人都不能在一起，多遗憾啊！

有天，我们去得早，老板一个人，就躺在柜台里边，地上铺一个席子，头前是一个落地电扇。那一刻，我瞥见了他的艰辛。

先生告诉我，他每天早上上班时，必先要在他家买香烟，会敲他家门，把还未起来的他叫醒。先生单位在镇里，为了赶到单位，每天都起得特别早，因此，倒成了这家店老板晨起的"闹钟"了。

看着到处飞起的尘土、被围挡住的各家门店，我在想，每次施工，他们会否提出要贴补损失？因为，他们怕是要靠这点生意生活呢！

"白面包"餐厅，是我们小区及对面小区门口唯一的早点店。因此，顾客还是较多的。当然，这家店吸引顾客的另一个重要因素，是她家的早点与早期农村人吃的很相似，让怀旧的人在这里有种归宿感和亲切感。

除了常规的小油条、麻团、雪菜豆腐咸菜、各色面条外，摊的鸡蛋小面饼、炒煮蚕豆、煮黑豆、切碎的萝卜干、玉米糁子和大米混煮的粥，都是正宗的农家吃食，很是让顾客喜欢。

和我同桌的女子，带着一个五六岁的男孩。两个人都是雪白的皮肤。我不能确定他们是祖孙俩还是母子俩。前几年才放开的二胎政策，很有可能他们就是母子俩。

小男孩好像没什么胃口，那女子劝他吃什么他都不肯吃。大概也是这个原因，小男孩长得瘦瘦的。虽如此，却一脸灵气与活力。女子虽然略显胖，但明显看上去精力不济，像是半枯的树叶。两个比较之下，突兀地折射出时光的无情。

回家的时候，见一位老奶奶，七十多岁光景，又瘦又驼背，一脸虚弱。她手里拎着两个装满东西的塑料袋，又拿着一串由大颗珠子串起的长念珠。一边走，一边在手里缓慢地转动着数珠子。我觉得她好像连转念珠的力气都没了。这比刚才的女子更让我感觉到时光的冷酷。

我们来这个世上走一遭，虽说生老病死是自然规律，但我们还是要把每天过得健康、有意义一点。那样，生命才更有价值，生活才更有质量。

这让我想起刚出门时遇见的邻居，一对六十岁左右的夫妇。老两口周末一起去菜场买菜回来，太太手里还拿了一支花朵硕大的大丽菊，红艳艳的，很是夺人眼目。楼梯上遇见我，老两口都笑盈盈地与我打招呼。太太看我盯着她手中的花，便说，楼下还有一朵。

是啊，这花是长在我们这栋楼下的小花圃里的。年年开花，我年年给它们拍照。开了谢，谢了开。我从来没想到有人会去摘它。太太摘了它，是因为它美，是因为太太热爱生活，有情调。当然，我还是更喜欢花在枝上，舍不得摘下它带回家。

世界很大，我们所见有限。时间浩瀚，我们所知有限。我们便在这样每天的琐碎中，消耗着珍贵的生命时光。生活便是这样，每一个角落的人、事、物，是这一角落的剪影，也是世界的剪影；是这代人的剪影，也是前世后来人的剪影。

生生不息，如此循环。

所以，梦想要有，不必太宏大。因为，再大大不过宇宙，再长长不过时间。

愿望实现不了，也不必太沮丧。看别人成功了，不必着急心慌，更不必心怀忌妒，因为，那也没什么了不起，都将一起湮没在时光的河流里。

在空茫的宇宙里，短暂的一生，安好便是福！如果幸运地生活在和平年代，那就在个人的小世界里，尽量地发光发亮，尽量地感受和体验自己的快乐。如此，便是最好的人生。

## 生活是热腾腾的

先生加班去了，据说是什么灌标工作。

一个人的周末，人容易变得慵懒，还容易无事生非抱怨先生加班。于是，决定到东门处"白面包"早点店吃早饭，以打开这闭塞狭隘的心胸。

路上仍然在施工，但眼下两边的围栏已经撤掉，开始填平沟坑，下一步大概要植树种草。因此，整个路段显得宽敞亮堂了许多。

几步远便走到了"白面包"家。一进店内，只有小两口子样的两人在吃早饭，别无人影。正纳闷，忽听见一个带着爽朗的笑的声音："姐来了。"

原来，是在操作间里的老板娘"白面包"。

"还有早饭吃吗？"

"有啊。"依然是带着爽朗的笑声的回复。

我走到靠近操作间的小台子那边，低一点的长条桌上依次摆着雪菜烧豆腐、煮黑豆、炒过后再煮的蚕豆、切成碎丁的金黄色的萝卜干。

窗口处的高一些的台子上则放着麻团、鸡蛋面饼、南瓜饼、玉米棒……我一边看，一边揉着肚子慨叹："可惜只有一个肚子啊！"

老板娘从窗口探出头笑着说："只有一个咸菜？多呢，喜欢什么随便吃！"

嗨，她听岔了。我便重复道："好吃的太多了，哪样都想吃，可惜只有一个肚子，装不下呀！"

这下她听明白了，笑着说："吃棒豆吧，棒豆新鲜着哩，早晨刚煮的。"

我盛了些黑豆、蚕豆，选了麻团、鸡蛋饼，就着早已放在桌上晾着的小米粥，一个人吃起来。

那两口子样的人，不久后站起来，用手机一刷走人。

这时，我听到从操作间里传来两口子唠家常的声音，以及刀板互相碰击有切有剁的声音，不免回头向操作间看去。操作间与客人这边通过一扇门、一扇窗互相可以看见。这边的窗子与通向外面的窗子又对着，因此，一眼望去，可以看到操作间里明亮干净整洁的货物架，以及灶具、餐具。同时，还可以看到那头窗子外的风景。就觉得他这操作间与别处不同，显得更宽敞、干净、敞亮，加上他们两口子的说话声，洗菜、切菜的声音，觉得特别温馨哩。

吃罢早饭出来，我顺便从小区里穿过。夏木阴翳正可爱。这时节，树木最是茂盛时，整个小区都被绿海包围。树下，各色花儿开放，各种果子挂着。因此，觉得这真是一幅盛世幸福图。

路边大道上，不时走来手里拎着袋子的人，有老有少，有男有女，都是从菜场买菜回来的。从他们拎的袋子里，我突然感觉到日子的美好，觉得他们拎的不是菜，而是生活。人来人往处，让人感到热腾腾的生活气息。

正好早晨读到两篇文章，一篇是讲家里两口子争吵，十岁的女儿发出"希望爸妈离婚"的呐喊。一篇是关于厚积薄发成就作家梦想的故事。此刻便联想到，这么好的生活，如果人们再像"白面包"夫妇那样相亲相爱该是多美好。而每一个幸福的生活都是拼出来的，如果尽想偷懒，不加努力，又哪里会有这样美好的生活呢？

　　所以，日常生活里不要吵架，要把吵架的时间和精力用来克服懒惰，加强学习，弥补不足，然后，我们便可以省却许多人为的烦恼，一路走在幸福的大道上。

# 宝宝的喜宴

常听人说，一天，又一天，就这么晃荡过去了，没意思。在我看，只要你留心，每天，你及你周边的人，都在上演一出出精彩的大戏。今天的两位主角，是我们可爱的小宝宝哦。

## 为什么人们都喜欢小孩呢？

这日中午，参加亲戚家小宝宝的百日宴。

我们一趟三辆小车轰轰烈烈地奔赴到小宝宝家，客厅里挤满了亲戚。

把小宝宝抱出来，人人都上前去逗她。老老少少，个个都喜欢小宝宝。这小宝宝也讨人喜，谁逗她都咧嘴笑。

为什么人们都喜欢小孩呢？为什么人们都不喜欢老人呢？嗯，希望人人在这世上都是讨人喜的。

## 宴会什么时候才开始啊？

我们又一行轰轰烈烈地奔赴饭店。

进得饭店，大厅里摆开了大约有三十桌。一个小朋友，涉及两家三代人的亲戚，再加同事、朋友，所以，真是热闹非凡了。

我们到时是十点左右，真正开宴却一直等到下午一点多。这里有个风俗，要等人基本来齐了才开始，尤其如果涉及长辈、领导或者其他重要人物，那真是不到开不了宴。

## 别让宝宝这么辛苦好吗？

这种百日宴，宝宝是要出场的。因为，这本来就是她的庆祝宴会。

刚开始，小宝宝非常感兴趣，什么时候见过这么大场面、这么多人？你去抱一抱，他去抱一抱，人人都夸小宝宝好玩、可爱。可是，小宝宝兴趣不长久，嘈杂的场合让宝宝嫌烦了。

这个宝宝还好，除了苦着个脸，自个儿纠结，倒是不太闹人，只要抱着她转转就好了。

宴会到两点多才结束，真是一场持久战啊，小宝宝怎么吃得消呢？

## 这个饼吃了真的不腰疼吗？

宴会要结束时，就像生日宴发蛋糕一样，会给每个人发一个盒子。我打开看了，里面装的饼干、棒棒糖等。现在商家真是脑袋瓜都想尖了，抓住一切商机发财，当然，礼品也做到了极致精美。

对了，还有一个风俗，就是给老人发烧饼。每人发四个，两位老人就是八个。据说，这饼吃了腰就不会疼，所以叫"撑腰饼"。

## 这宝宝满月宴与婚宴咋这么相似呢？

这日中午，同事举办宝宝满月宴。

宴会就在单位附近的宾馆，五星级的。一楼大厅，一进门便知道往哪里走，因为迎面便是同事一家三口的大幅照片。这跟结婚仪式倒挺相似。

方方正正的餐厅内，金碧辉煌。中间是走台道，让人联想起，同事结婚时，曾从那台道上幸福地走过。道口处，以彩色气球搭起一道拱形门。两边各分列两排餐桌，全场摆开十六张大圆桌。

## 不要这么惊呆"大宝宝"好吗？

礼仪公司派出的主持人真是年轻帅气，给宴会增色不少。节目倒不多，常规地唱唱歌，其中，有两位嘉宾的表演却让人印象深刻。

一位是现场搞气氛的小丑人。他随着节奏感强烈的音乐，手里快速地翻转、编织各种形状的气球玩具，然后分发给客人和小朋友。让人不免叹其技艺精湛。吉他、蜜蜂、小人……编什么，像什么，活灵活现。且编时双手如飞，眨眨眼就编好了。

另一位是个小男孩，不过三岁。上来唱一首歌，又说一段绕口令。当着一百多位客人，这小朋友淡定从容得出奇，让我们这些"大宝宝"都惊呆了，这架势，上中央电视台综艺节目绝对可有一拼。

## 这是"撑腰饼"升级版吗？

要在农村，小孩满月只有亲戚参加。城里人，还得请朋友、同学、同事。够操心的！

宴会临散时，每位客人得一盒包装精美的喜饼，大概是由"烧饼"

发展而来的吧。

看看这豪华的阵容，比上一位小宝宝的又提档升级了，是不?

## 家族的团聚，岁月可亲

今天，家族团聚。

大舅家两代人、二舅家三代人、堂姐、堂妹、姑奶奶、表姐、大哥家三代人、二哥、我爸我妈，还有其他侄子、侄孙，四世同堂。

很近很亲的四代人，三桌，老老少少、大大小小，三十多人，济济一堂，一派兴旺热闹景象，更一派亲切欢乐景象。

这一切，缘起二哥添了孙女，回家把家族的人聚在一起，告诉大家:他升级了! 在座的都升级了!

人生一代一代相传，血脉相传，亲情相传，幸福相传。

二哥昨天从徐州赶回，特地安排在老家请客，为的是不让亲戚受远途奔波的辛苦。同时，他一分钱人情也不收。但是，他自己带回的礼品却都一一送到亲戚手中。

每人一包糖果喜饼袋，里面内容可丰富了。现在制糖、制饼的工艺真精巧啊，每样喜糖和喜饼的颜值、味道都是一流的。

又恰逢国庆中秋双节，因此，每人还有一个礼品袋，内装两袋月饼。两袋礼品，既庆国家之喜，又贺家庭之喜!

宴席订在八一村的"四季农家乐"。

这边靠海，桌上海鲜菜不少。有文蛤炖蛋，有鲨鱼干烧肉，有鲜蛏烩豆腐……还有我叫不出名字的海产品。

席散，亲人依依话别，各回各家。二哥又马不停蹄地赶回徐州。

尽管现在交通方便，可是毕竟太远。望亲人们，能够住得近，不用蒙受想家的苦、蒙受不能与亲人常聚的苦!

114

# 爆白果

中午，孩子在群里发来一幅图片，原来是他用微波炉时躲得远远的照片。

哈哈，得我真传！听说微波炉使用时有辐射，所以，每次用微波炉，按下"开始"按钮，我就逃也似的远远地跑开。果然身教重于言传，做父母的在孩子面前可要注意自己的行为了。

言归正传。孩子用微波炉让我想起，我也要用微波炉来爆白果。

家里白果不多，不满一小碗。但这白果，可是我们亲自从树上摘下来的，去除外面的皮肉，淘洗干净，再晒了几天太阳后收藏起来的。因此，它到如今的样子，每一步的快乐我们都享受到了。

白果摘自邻居家的银杏树。

老家所在的村，从好多年前开始，长了许多银杏树。田头路边，长了一排又一排。人家门前屋后，矗立着三棵或五棵。长了有年头的缘故，一棵棵银杏树都高大茂盛。

十月初回乡时，见到家家银杏树上都结满了果子。有的树上的叶子差不多都掉光了，只剩下密密果子抱挂在枝上。叶子一定是被果子挤得没地儿站，纷纷掉到地上去了。

到十月下旬，走近银杏树，便闻到果实熟了后散发出的带着腐甜气息的香味。绝大部分树下，都掉满了熟透的果子。

现在村里人对满树的果子视而不见。因为不值钱！据说，曾经一斤白果卖到七元钱，而现在，七分钱都没人要。

农家人种了许多农作物，有豆类、菜类、椒类、萝卜类，忙得很，哪有空去管这不值钱的银杏果子哩。因此啊，就撂在树上不闻不问。

这果子也就自生自长自落。

看那满枝的果子，又大又多又可爱，我就想去摘。但人家不要归不要，我去摘总归是不太好。妈妈就说了："你不要摘人家的白果！"

邻居家和我们家关系是相当好，好多东西都是你送给我家，我送给你家。有时，直接就叫你自取："萝卜吃吗？去田里拔啊！""柿子吃吗？去树上摘啊！"

总是这么热情。

这都成为一种习惯了。都说"邻居好，赛金宝"，果然是啊！邻居间这么亲切热情相处，叫人感觉很快乐很幸福哩。

因此，那天被邻居门前柿子树上红彤彤的柿子吸引过去拍照时，一下子又被边上三棵高大、满枝丫挤满果子的银杏树吸引了去。我踩着覆盖了玉米秸秆的大蒜地，走到其中一棵树下。

树下落了一地黄色的果子。

我挑低处的枝丫，捋起果子来。先是两手抓满，后干脆不嫌脏，塞进了外衣的那两个大的口袋里。只摘了一根枝丫的枝头部分，两边的袋子就都塞得满满当当。回家后，照例被妈妈说了一通，责备"哪个叫你摘人家白果的"，但我不管，交给先生去洗。

恰好二嫂在家，她对付白果有经验，告诉我们："要用砖头磨，将果皮、果肉给磨去，然后放水里泡。得泡很久，味道可大了！"

我们毕竟是第一次亲手弄白果，好奇心和兴趣还是挺浓的。先生没有推辞，真的去弄。童心大发，也是很快乐和幸福的事呀。

去掉外面金黄的果皮和果肉，白色的果核就露了出来。

白果晒了几天太阳后，我找来一个信封，放进一小把晒干的白果，再将信封放入微波炉里转一分钟。这期间，听到一声"噗"，又一声"噗"。每一声"噗"都让人兴奋和快乐。

微波炉转停后，取出信封，将白果倒进一个小碗里。一粒一粒取出小白果，剥去白色的壳，露出里面的仁肉来。爆开了口的白果很好剥，一会儿就剥好了。剥出的仁肉，外包一层薄薄的红棕色衣皮，去掉这层衣皮，露出的仁肉，色泽翠绿、晶莹、温润，像是一颗颗和田玉。

放一粒进嘴里吃起来，呀，白果独特的香气，在唇齿间扩散开来，那叫一个幸福！

## 马路上捕鱼

夏天易发大水，而一发大水，大河的水满流向小河，小河的水满流向水沟。这时候，捕鱼的好时机来了，农村长大的人都见过。

在高水位流向低水位处，拦一道坝，上面斜放着捕鱼的用具（一般是芦苇编成的簿子），水从簿子的缝隙中流走，而随水淌过来的在簿子上乱蹦乱跳着的银光闪闪的鱼儿就是捕鱼人的快乐了。

一次上南京，恰逢一场暴雨。大雨中，又见到这种捕鱼的场景。只不过，这次可不是农家人捕鱼，而是一群大学生捕鱼；也不是在水沟里捕鱼，而是在大马路上捕鱼。

大学城的一所高校及周边，地势真是低啊。一场雨，满目所及都成一片汪洋了，到处大水横流。

河面水位全部高出平地，哗哗啦啦地往大路上奔流。房子在水里，树在水里，行人在水里，小车子在水里。那硬顶着雨而开的小车，划开了高过人头的白色水浪。

走进一处校园内，见大路上一群大学生正在嬉戏、奔走着，又弯腰，双手在水里捂着什么。走近了看，原来他们正在追逐鱼儿。有几条鲫鱼像小箭艇一样，急速摆动着身子，拼命地仓皇向前逃窜。

再前面不远处，另有七八个同学，在与这条路呈丁字形的路头上，用蚊帐作"网"拦在低水位处等鱼。而迎着此路看过去，偌大的网球场，整个成了汪洋大海了。

到了晚上，仍见到不少大学生打着手电筒在"网球场的河"里抓鱼。可见他们感受到的乐趣有多大。而这份抓鱼的记忆，日后也会成为他们大学生活里的有趣回忆之一，难以忘记吧！

还有一种捕鱼乐，是小时候，农村里要抗旱，抽水机将大河里的水抽进挖好的圆形池塘里，然后再顺着沟渠分送到四面八方的田地里。

随着嘟嘟的抽水声响，白花花的水欢跳着进入塘中。这时，有不少鱼也就沉在塘里了。用网子下去一网，就见满网的鱼儿欢蹦乱跳了。

## 那火火的菜

如果从"性格"上分菜系，我们这里的菜应该是"米菜"，甘、平、温，像白亮亮的大米一样，漂亮可爱，让人舒服；而川菜、湘菜是"火菜"，麻、辣、烫，像灼热的火焰一样让人激动和过瘾。

第一次接触火菜，是去九寨沟时。

先乘火车到成都，然后再转乘大巴。从火车上开始，吃什么都是辣的，连汤都辣。那时真觉得特奇怪，特吃不惯。

但火菜却容易让人适应，两天下来，到成都时，我们就可以吃了。不仅如此，带队的朋友在成都请我们吃成都小吃，我们竟吃得很过瘾。

回来后发现，这火菜容易叫人上瘾。再到街上吃饭，就喜欢挑湘菜馆了。

侄女在成都读大学，刚去时，对爸妈哭鼻子："吃不惯成都菜，冒出一脸痘子。"可是，大学毕业回来，却变得无辣不欢，家乡菜已经不习惯吃了。

川菜比湘菜更火，简直覆盖全国，大有"灭"了其他菜系的威势。

我们这里的人，也是多喜欢川菜。不仅川菜馆多，且往往家家客人爆满，而其他饭店却不温不火的。

有一次去贵州，发现这里的菜也是火系，而且，更觉又辣又麻又香，叫人好生欢喜。

同行的人说贵州菜也属川菜系，我不清楚此说真或不真，但我爱吃是真。哪怕一碗面条，想来都回味无穷。

面条是在宾馆一楼自助餐厅吃的。选菜时，哪里人多我们往哪里奔。因为人多的地方一定有大受欢迎的"好吃的"。

果然，排队到前，一位胖婶正在做面条。

碗里已放上酱料，手指宽的面条煮熟捞出，往底料上一覆。客人端过碗，再在一排自选佐料前，各样挑点往面条上加。

开吃，麻辣满嘴跑，直冲到喉咙，那叫一个舒爽。浑身的经脉好似都被打通，那叫一个够劲。

同伴说，人们喜欢吃辣，因为辣的香。

嗯，越来越辣，越辣越欢，冒火星子的欢！

## 酒香满镇

车行至一处，导游指着窗外讲，大家看，石崖上刻着四个字：中国酒都。不久，我们便从一个小街市穿过，两边店面毗邻。车上就有人说，这边每家店，卖的都是酒，无一例外。

车继续向前，转弯过一座红色桥，停下，我们下车。立即为两样事震惊：一是扑鼻的酒糟香气太好闻了，不少人下意识感叹"好香"，空气里全是这样的香味。二是河岸两边的房子，依山而建，层递上去，像是密集繁复的宫殿集群，十分壮观。房子全部古风古貌，正面整墙全是木质雕刻的花格门窗。

是的，这里就是茅台镇。我们刚才经过的桥，便横跨在赤水河上。河两岸店铺卖的，便是用这河里的水和本地产的高粱酿造的酒。

河的一边，店铺前面，建有一处广场：1915 广场。标志性雕塑是一个打碎的瓶子，记录并讲述着茅台酒 1915 年在巴拿马酒博会上获得金奖的历史故事。

游人如织，一边欣赏街边酒铺，一边不时出了这家、走进那家。店铺老板招呼着大家品尝店内美酒。我们八九个人中，有两名女性，其中一位平时滴酒不沾，在那氛围中，也经不住酒香诱惑，嚷着也要品尝。

我们进的这家店铺，门面不大，一边放置一排大酒缸，一边是各种瓶装酒展示陈列架。大家围着桌子坐着，店老板从一个大酒坛里舀出酒来，斟在小酒杯里，让大家分尝。又从最里边一个小黑坛里舀出酒来，再让大家品尝。最后大家定了，就买这小黑坛里的酒。于是，开始讨价还价。从二百八还到一百五成交。几个人一下子购了二十四箱。

老板高兴坏了，现场装酒、封酒。封酒是在门店里面的一个房间里进行的，一架简易的操作器便可完成。老板麻利地做完一系列动作。连老板一岁的儿子都在一旁帮忙，像模像样，挺熟练的。

走出店铺，同行中有人说："每瓶再还价十二元是完全有可能的，但着急赶回去。"有人说："也许买贵了，但到了这里不买酒，此行就失去意义了。"另一个人说："不上当，旅游就是不完整的。"

哈哈，大概被酒香熏的，一个个说话都有些醉后飘飘然的快乐。

其实，在此买酒还有许多意义，可以丰富此行内容，回去后因为这些酒，会让人想起此次之行；关于酒，可能还有许多后续故事，也即此行的意义还在延伸，这些酒带来的幸福感又岂是那点酒钱能衡量的呢！

## 有好吃的就有好心情

因为感觉大脑被封住了，于是，出去走一走，希望能够为大脑解封。

眼睛要看新鲜的东西，耳朵要听新鲜的声音，嘴巴要吃新鲜的美食，大概，大脑才会像春天吸饱了雨水的作物，变得精神饱满吧。

去年花了一年时间，把欧风路打造得美轮美奂。然而随即却将人们的脚步隔开在路外。此刻，我终于踏上了这条盐城第一路。

三个多月过去了，一直没能在它上面走过，因此，现在走在其上，格外觉得新鲜和欢喜。

路两旁的门店开了，然而，家家看过去，基本上都是店主看路上行人，而路上行人看的也只有店主。倒是让人不觉唏嘘，心里盼着店铺赶紧兴旺起来。

走过一公里的样子，便接近欧风街。欧风街沿东西向河流两岸而建，紧密地依临着水畔。人走在街道上，相当于走在岸旁水边。

那条跨河的大桥也新装修过了，桥边的高空中用铸铁建成弧形装饰，显得气派堂皇。

河边照例是高低三层种满了花儿，依然那么繁盛。两边的店铺也开了，也有行人三三两两从街道上踏过，但对于路两边的小吃基本上不问津。

一样地，让人心生萧条之感。

我心里想着，也许一周后就会好起来，变得和过去一样热闹吧。

欧风路漂亮，欧风街漂亮，但真正要漂亮，还得人们口袋里有钱、有闲时、有闲心，来赏、来玩、来吃、来享受啊。

沿着欧风街北岸由东向西，再绕到南岸由西向东。一圈下来，回家。由于腰疼，我慢慢地走，不过两公里路左右，来去却花了两个多小时。临到家时累得气喘吁吁，感觉连上楼的力气也没了。

忽然看到社交媒体的群里有人发美食图，勾起我的馋虫子。想到自己就喜欢吃煲仔饭，尤其喜欢吃那又黄又脆的锅巴，于是，到得楼上第一桩事，叫了一份外卖。

点好了，想到有好吃的，心情大好，力气又立即回来了。看来，人还是需要美食的抚慰。吃了好吃的，人的精神来了，大脑也开始活跃了。

吃吧，有的吃，能够吃，是最幸福的了！

## 请趁热品尝

这段时间，状态真不是一般地糟糕。可能是因为多日以来的感冒，也或者是年龄因素，总之，整日浑浑噩噩、晕晕乎乎、拖拖拉拉，做啥事儿也没动力、没力气、没效率。

今日周末又是这样，原计划上午去图书馆，结果，慢吞吞起来时已是九点，再毫无秩序地收拾好，已是十点，只好改变计划，到西门那边买点面包。

好久都觉得没有胃口，昨夜醒来，不知道怎么突然很是怀想面包的香味。便想到西门那边，大概是国庆期间，新开了一家面包店。当时我们从老家返回，车行到西门处，看到那里簇拥了许多人。原来，新店开张，搞活动，大家都蜂拥而至，抢着尝鲜。在我们小区附近，过去从未见哪家店开张时，能激发这么多人的购买热情，便也想着有空时去看看。

没想到，回到家我就把这事忘得没一丝影子。今天猛然想起，加上昨夜冒出的馋意涌泉（我之前还从来不曾思念过面包），于是，决定去看看，它到底是怎样一家面包店。

一进去，嗬，这可真是我见过的规模最大的面包店了。在我们小区这地段就更不用说。面包房的面积倒不是很大，但内部布局给人上规模上档次的感觉。过去到市中心面包店去过，有面积很宽大的，但摆设却简单，面包品种也少，工作人员也只三两人。

这里所见却大不同。一进去便看到有五六个人在忙碌。外间制作展示柜台内两名中年人；收银台内一男一女两名年轻人；收银台后面里间操作室门口那儿，一名中年女员工，正端着一盘热气腾腾的面包往外间走来；而此前，外间陈列架、橱柜前，另一名女员工也正往上面摆放新出炉的面包。

我之前亦有四五位客人先进来，或在挑面包，或在收银台前结算。

最让我惊喜的自然是货架和橱柜里的面包。真是琳琅满目啊，南面墙前架上满是，西面窗前架上满是，中间玻璃柜内满是。花色品种自然也是很多，一时叫人喜不自禁。突然被到处都是的面包围在中间，感觉既踏实又幸福，这个冬日也就格外地温暖和温馨起来。

我还未选择面包，就先赶紧拍照。我想到的是要把照片发给在外读书的孩子看，并且心里想急切地说一句话："你回来吧，这么好的面包，快回来吃啊！"

然后，我才开始选面包，并放到收银台上，又点一杯卡布奇诺，等待结账。

很贪心，选了不少种的面包，明知道不可能吃得下，但还是在香气的诱惑下，在喜悦的激发下，在热情的驱使下，买了许多。

如此热香美味的面包，价格自然不菲。可是，不能因为价格高就不去尝试享受幸福。所以，一边美滋滋地拎着面包回家，一边心里暗暗地说："要吃上香香的面包，得继续努力啊！"

二十几岁时，觉得世界长日无尽，一切都是美好的，一切都在未来召唤。而后来，便知道，很多事情会不容易，会曲折。所以，每一个当下，都要积极争取，都要用心领略，都要细细感受。就如现在，我再也没有二十几岁时的敏捷和充沛的精力，感觉想要实现什么愿望时，变得更加费力。而时光，也变得格外匆匆，让人时常产生紧迫感。

所以，要紧紧地抓住眼前。正如，我今早买的这些面包，要趁热品尝。

# 郁闷时你就吃吃吃

　　近来心情不太好，具体什么事儿我就不说了，反正就是那些一路走一路会遇见的风风雨雨。

　　还不少，一个个大灯泡似的，在我周围，我一抬眼，就看到一个，又看到一个。这可不是看星星，诗意、好玩、美。这些个大灯泡只让我郁闷、愤懑、苦恼、消沉、压抑。一句话，郁郁寡欢。

　　它们都长着嘴，蚂蚁一样的嘴巴，我知道，在看不见的地方，它们在"吃我"，"吃"我的健康、快乐、好心态、心力和正常的生活。

　　好吧，它们吃我，我以吃攻吃，我也来吃吧。

　　郁闷时，吃吃吃，我从读大学时就开始了。那时只要心情低气压了，就吃瓜子、糖（这么一追溯，其实我高中就开始吃糖）、方便面、脆饼、京果（发现没有水果！）——大概零食方便、易购、易贮备、易取，吃起来隐蔽性还比较大，一般不会引起他人注意。

　　上高中时吃糖，可真是触目惊心。那时，都是一下子买二斤（纸包糖），回来几天就吃完了。一剥一块，扔进嘴里，来不及含化，就这么嚼

129

着，嚼着，咽下去了。所以，吃得快。那时的糖比现在的好吃吗？品味正，清香，甜而不腻。青春就是好，处处有奇迹，吃糖都可以任性，反正怎么吃也不会胖，走出来还是轻盈、水灵的小姑娘。

工作后不久遇见一个熟人，她是一位领导家的姑娘，长着好看的锥子脸，爱笑。有一段时间没见，再见到时，她换了个脸儿了，把一张十六的月亮般的脸像端菜盘子那样、笑嘻嘻地"端"到了我的眼前。

一问才知道，原来这段时间，她参加一个事关前途命运的考试，天天在家看书，白天看，晚上看；一边看，一边吃零食。考试过了，她的形象也就完美转换。怪不得，人们说，读书会使人改变容颜。她成功地从市级机关考进了省级机关。

看来紧张、有压力时，也是要吃吃吃的。当然，紧张、压力，也是郁闷的一种，或者最后发展成郁闷。然而，没有美食解决不了的郁闷。如果有，那就再来一份美食。如果还有，那就再来两份美食。

何以解忧，唯有美食。

有的吃，还吃得那么丰盛，就已经很美，是享受，是幸福。这么一想，郁闷就已经去了一半，人也放松了下来，心情也好了一点点。

我现在手里是一杯大红袍。高高的玻璃水杯里，清澈、晶莹、淡金色的茶水。看一眼，首先十分养眼，接下来，那茶水的气息，就像一个个小灵人儿似的，跑到了我的心里面、血液里，在里面嬉戏。嗯，我不得不跟着熏然微醉起来，不得不跟着快乐起来。要绽开一些笑的，否则，这些小灵人儿可不依我、不饶我。

又想起，我还很时尚呢。上周和一个最近专门研究茶的朋友在一起，她说，现在人都不喝铁观音、红茶，早把这些甩出八条街了。现在喝的是岩茶、高档茶，比如，大红袍。呵呵，原来我喝得还挺上档次的。

此前，我还喝了一小杯的咖啡。这个东西，最近本来戒了的。在各种爱的包围中，成功戒了的。都说这个不宜喝，喝了会伤胃、伤神，导致睡眠不好。嗯，想起这个，那些友善的、可爱的脸庞就浮现在眼前了。一个个用平和的声音对我说："你不是胃不好吗，那就不能多喝咖啡。""听说女性不宜喝咖啡，尤其浓咖啡。"虽然他们不是专家，可是，关切的语气比专家的建议还管用、有效。

当然，不喝咖啡，是不伤胃、不伤神，可是，会"伤"心情啊。少量喝点咖啡，人站这儿，就立马看世界温柔十个点。感觉一切都顺眼了，没那么堵心了。

昨天，我还跑到楼下超市买了一袋小核桃。不是说，郁闷伤心、伤肺、伤脑筋吗？核桃最"吃愚钝"了。也不想去考证真假，反正，我相信，它就是有效。要说，现在不穷，可也没富到可吃这些高档零食的阶层。所以，还是，少少、少少地吃吧，一小袋慢慢、慢慢地吃它个一天。还真的有段时间，心神不宁、睡不好、吃无味，然后，记忆力直线下降。于是，奢侈地吃了三百克核桃，哈！还真管用，我就觉得反正好像智力又攀升至正常水平了。

吃掉了零食，吃掉了一种叫"糟"的心情。最后，本质上，还是要吃点"干货"，做点正事。这才是利国利民的长远之策。前两天网上比较热的那个老师演讲的主题是什么来着？生命很贵，不要浪费！郁闷是一种很大的浪费，吃东西花钱也是一种很大的浪费。还是做正事、沉下心来做正事，才是吃掉所有坏心情的最好的"吃"，也是最节俭最有效的吃。

我闪了，"吃"正事儿去了。

## 又回青蒲——假期里最幸福的时光

因为先生要上班，所以我的七天假期被化整为零，成了一些碎片了。

先是去我爸妈家，待了两天，回来。先生上了一天班，我在家宅了一天。继而陪先生在家又宅一天，然后，今天先生再次上班。可是，到下午，他突然回来了。

记得在我爸妈家时，我说，还有四天才上班呢，要不，先生回家上班后，我再来。我妈立即表示反对："你一个人别回来！你一个人开车我不放心！"语气急切，不容半点反驳。

于是，作罢，宅在家中让大好假期白白地流逝。

而今日，先生到家后，忽地说："要不回青蒲？"青蒲是先生的老家。我一听，乐了。虽不如旅游那么让人兴奋，但终于可以出门透口气了。

先生老家所在地，系水网地区，俗称水乡。这地儿典型的形貌特征便是河流多。除了大河，一条条小河也是纵横交错，如城市的道路一般多。不仅如此，人们还多围田挖塘搞水产养殖，因此，一路上，道路两旁，全是看不到边际的格子状河塘，阳光下好像一面面光亮的镜子，既美又特别壮观。

车停庄头停车场，步行走进庄子。

天色已暮。

有行人三三两两地迎面走过，有熟识的热情地打招呼，惊喜地叫着先生的小名，笑着问："回来啦！"

远远地，在进先生老家的巷口的屋角边，有个身影立在那边。先生嘀咕："是不是爸？"他爸以前听说我们回来，时常会到这里来等候我们。走近了看，不是的，估计奶奶不肯他出来。

人老了，记忆力不行了，到哪里都不灵便了，已经不能到巷口来迎接我们回家了。

才跨进院门，照例是小时被我们送回家的叫"雪糕"的狗，激动地狂吠。因被链子扣着，便抬起身子，两只前脚在身前不停地向上伸划着，好似作揖一般。

老人本来已经吃过晚饭。我们半路上打过电话，这会儿他们便又在厨房里忙开了，重新为我们烧晚饭。一会儿，一桌菜上来。一盘青菜，一碗自家炸的小肉圆杂烩，一盘烧扁豆。本来，奶奶还要烧鱼汤，被先生阻止了。

家中的饭菜就是好吃，扁豆我今年还是第一次吃。这扁豆与城里卖的不同，荚大豆米子饱满，入口清香，味极浓。烧菜有天赋，奶奶她烧的菜就是好吃。

晚上不用开车，放松了，我便想喝点葡萄酒。奶奶也习惯了我的这份嗜好，每当我回家，有时不用我说，她便会拿出酒和酒杯。家中的葡萄酒基本上是我喝掉的。两小杯下肚，脸上热烘烘的，意识有些飘飘然，心情美滋滋的。

饭罢，照例，围着桌子，说些家常，有新近庄子里发生的事，家里来过的亲戚客人。问到较多的，还是我们的儿子："在外学习好吗？""什么时候回家啊？"这种场景，日后总是成为一份温馨的记忆贮存在我的脑海里。

人生百年，实在匆匆。才是朱颜，转瞬鹤发。因此，有时间，多回家看看，和家人在一起，总是最幸福的时光。

# 木槿花开

金秋九月，应邀去观赏朋友的苗圃。流连期间，时时感受到，我们与朋友的生活水准，那中间隔着一个银河系的距离。

朋友在"花样年华"城市公园里租了一百亩地，发展苗木。她并非要靠苗木赚取收益，而是通过前期创业，如今具备了条件，要过上早年梦想的田园生活。

去年桑葚熟时，我曾来过一回，那时被无边绿林所醉，恨不能长做此中人。今度再来，除感受林木风光，更体验了一番朋友那高端的生活日常。

苗圃内，建了几幢民居格调的房屋。分别用作休闲、居住、吃饭及工舍（雇有七八个苗圃管理人员）。

朋友先带我们领略了一圈苗圃风光，然后再依次带我们进入各处屋子内，品茶、用餐。

室内家具，为红花梨木打造。当朋友说及家具上的雕花都是手工刻出时，我们几个异口同声感慨："工匠的手艺真精湛！"

茶屋南墙是全景玻璃，外面风景尽收眼底。

屋前，一条东西向的长河，是人工开挖而成的。这一段养鱼，那一段养螃蟹，再过去一段养甲鱼。眼前，则是一河碧绿的荷。亭立的花已不多，这里一朵，相隔好远才会再有一朵。但品种似比寻常所见要珍奇。花朵更大，乳白色，花瓣边缘有淡淡的桃红色。

"这片本来长着茭白，结果鹅群冲进去，没消二十分钟，吃光了。"友人指着那片碧荷说道。

"鹅呢？"

"嫌热，都躲到林荫里了。"

果然，虽一只鹅的影子也看不到，但不时听到一片鹅声传来。

茶香袅袅。在茶室里品着茶，聊着天，觉得心特别静。室内陈设，典雅精致；朋友沏茶，优雅从容。

讲真，比照朋友生活，我们觉得自己真是俗人！

当我们称朋友是庄园主时，她自谦是"农妇"，又说："你们看我现在这样好像很舒服，其实也有许多困难。"

"人前显贵，人后受罪！"朋友不说，我们也知道，拥有这一切，她必定付出了许多。

记得观看苗圃时，在一片小树林前，朋友介绍，这树现在大概两米多高，去年栽种时只有丁寸大。长的过程中要抹芽、矫正、施药，这样的工序，五万棵苗，每棵都过了有四五十遍。树苗幼嫩时，有野兔来偷吃，初时不知如何防。后来了解到，野兔"吃素"，于是，在每棵苗上抹猪油，从此兔子不敢偷吃，这才保住了树苗。

世上哪有容易事！

朋友说，当焦头烂额时，她就告诉自己一个字："熬！"

又见苗圃内道路两边，处处栽种着木槿，开满了紫色的花。上网查了下，木槿花又称"无穷花"，一花凋谢，许多花会接着开，生命力分外强盛。

　　我便想，朋友拥有今天的生活，又何尝不是凭着像木槿花一样的精神拼出来的？

　　移步餐厅。南窗挂满绿藤，北窗翠竹掩映。正是令许多人向往的"绿窗"！一桌农家菜，玉米、青椒、紫茄，河虾、草鱼，砂锅鸡，全是就地取材，"农味"浓浓，好吃得我们个个就差撑爆肚子。

　　离开苗圃时，又见木槿花。朋友说："种这花还有一个原因，就是可用来包饺子。"此时，看着那满树的紫色花朵，我觉得它们不只是好看了，还好吃！

## 偷柿子

金秋十月，周末回乡。

先生忽然对我说："家中有许多柿子。"

我一听，乐坏了，赶紧问："真的？你怎么知道的？"

"外婆说的。"

我应声去找我妈。"妈，听说家里有许多柿子，真的吗？"

"在西房间里，你去看。"

我赶紧去到西房间，一眼便看见两个白色的搪瓷盆。走上前朝盆里一望：嗬，每个盆里都放满了柿子。所有的柿子都红彤彤的，我心里估摸，怕有一百个柿子。

我又喜滋滋地走出来问："妈，这么多柿子，你们买的？"心里暗自疑问，一贯十分节俭的父母怎么可能舍得买这么多柿子！

果然，妈妈说："摘的余锦家的。"

余锦是住在我家西边的邻居。他家门前的田头，长了一棵柿子树，可有年头了，已是树高枝干粗。九月底我回来了一趟，当时看到树上结满了柿子。一个挨着一个，无数个柿子挨挨挤挤在枝叶间，真正是"硕果累累"，把树枝都压得垂挂下来。当时欢喜到不行，绕着柿子树看了又看，用手机拍了许多照片发到朋友圈。住在北边的邻居嬷嬷在一旁看到了，对我说："柿子没熟呢，还不能吃。"

她是不是看到我的馋相了？

没想到，这次回来，这树上的柿子，却一个个躺到了我妈妈家的瓷盆里。

我有些惊讶地笑问妈妈："怎么能够把人家的柿子摘了呢？"

"余锦又不吃。"妈妈说，"北家的文英跟我说，你站在柿子树前看了半天。我就留心了，柿子一红就去摘。摘了一大篮子，拎都拎不动，最后是景明（我表哥）帮我拎回来的。"

呵呵，为了我吃柿子，看来还催生了一个"偷柿子团伙"。

不过，妈妈说的"余锦又不吃"倒也是实情。他家这些年就他一人在家，他女儿远嫁外地。去年我见柿子都掉地上烂掉，曾问他："怎么不摘啊？"他笑呵呵地说："哪有空啊，摘了也没人吃。"

妈妈为我准备返城要带回的东西。她把两个搪瓷盆端到饭厅来，把柿子全部挑拣一遍。半熟的放一边，熟透的放另一边，然后分别用两个袋子装上。正好在我家吃饭的亲戚和邻居就纷纷说开了。

余锦说："文英说你喜欢吃柿子，我叫你妈摘，开始她还不肯，这又不是什么宝贝！"

原来，这"偷"是被允许的啊！

表姐说："熟了的先吃，不熟的放冰箱里，让它们慢慢熟，这样，可以吃得久些。"

呵呵，被众亲邻的热情包围着，感觉不是一般幸福啊。一到自己家里，我就按照他们说的，将半熟的柿子拾进冰箱，将熟透的柿子码进一个青绿瓷盘里，放在餐桌上，以备随时取着吃。

把同时带回的南瓜、青椒、芋头、毛豆荚……收纳好，我便迫不及待地吃起柿子来。嘀，这红彤彤的柿子啊，怎一个"甜"字了得！

## 附记：兴化鱼排、烧饼

去兴化参观郑板桥纪念馆。到达时，恰逢上午的闭馆时间。人家一边关门一边叫我们下午一点半过来。

好吧，民以食为天，那就先找地儿吃饭吧。毕竟不熟悉，也不知道哪里有类似小吃一条街的地方，很想找些地方特色小吃慰劳陪着我们远道而来的胃。转着转着，发现一家杂鱼店。虽然看上去是那种脏拉吧唧的小店，但也知道，鱼是兴化的标志之一，人们爱到兴化钓鱼、吃鱼，没到过兴化的我们，此前已是多次听闻此说。

点一小锅鱼排，据说是这家店的招牌菜。让客人见菜点菜的餐桌上，放了好几锅呢。待到吃上时，果然是特别美味。鱼肉入口即化，估计是鱼骨的髓汁融进去了的缘故，口感很丰厚。先生说，这鱼烧的时间长，吃在嘴里都黏滋滋的。

下午参观完纪念馆，穿过武安巷去往停车场，哈哈，瞥见烧饼炉前，师傅正在做烧饼呢。三元五角一个，我一下子买了十个。东台、溱潼、兴化，这一带的烧饼，大同小异，椭圆形，个头大；一面撒上一层厚厚的芝麻，内包青萝卜丝馅心；吃起来，咸里透着甜、甜里透着咸，外脆里软，特别香。中饭吃得饱饱的先生，又一口气连吃三个烧饼，还边吃边说："好吃！"要不是我控制他，第四个怕也下肚了。

## 半包咖啡

开始喝咖啡，是十四年前的事了。

那时，高主任、孙主任，还有一个叫小温的，我们四个人一个办公室。

孙主任最年长，四十多岁。高主任三十岁出点头。我和小温岁数相仿，比他们两个要小一点。

高主任，大脑像电脑，贮存了海量的知识和故事。听他聊天，天南地北，滔滔不绝。对此，我们钦佩有加，觉得他太神了。

他还是个很讲情调的人，常常给我们带来乐趣。

这天下午，他从办公桌柜子里拎出一盒咖啡，说："朋友从国外带的，大家尝尝。"

我一看，猫屎咖啡，高档货啊。我们四人一向喝茶，没一个喝咖啡的，但这么高大上的东西，第一回看见，还真想一尝其味。

小温兴奋地打开盒子，拿出盒中配套的汤匙，聚起大家的茶杯，给每人杯中加了三大匙咖啡。

开水冲泡后一喝，苦的，好像不好喝嘛！

孙主任咂咂舌头，苦起脸，摇着头说：“就跟涮锅水一个味！”

第二天早晨到班，个个都说，一夜没睡着，全都“数羊”了。

自那以后，我却对咖啡上瘾了。当时喝不惯，过后却禁不住回味那在口腔里缠绵的香气。有点像忽然陷入恋爱的少女，对钟情的那人念念不忘。

于是，先是隔三岔五地会喝上一杯，后来基本上每天需喝上一杯。再后来，上午一杯，下午一杯。如今，有时一天要喝上三杯。

有朋友开始关心我，和我说起常喝咖啡的种种坏处：骨质疏松、神经紊乱啦，也不时用社交媒体给我发来这方面的文章。

更有朋友直接制止我喝咖啡。

到茶水间冲泡时，有同事也友善提醒，咖啡不宜喝，你哪怕喝茶，也别喝这个，最好是喝白开水。

大家的关心，不免让我感动。心里就暗暗地下决心，要把咖啡给戒了。可是，咖啡的诱惑太大了，常常就觉得香味在唇齿间缭绕，让人忍不住就想去泡上一杯。

并且，如果我不喝咖啡，常常会觉得思维迟滞、情绪低落。可能是喝咖啡上了瘾的原因，也可能是有些忧郁倾向。怎么办呢？两个“内我”经过激烈的斗争后，达成妥协：把一包咖啡分作两次泡，上午半包，下午半包。

刚开始的时候，头有些疼，后来也就适应了。再过一段时间后，我基本是上午喝过，下午不喝也不会太想，戒咖啡算是成功了吧。

虽然饮的量少了，但咖啡的香味非但没有减淡，反是更浓了。喝咖啡是浪漫的事，而来自朋友、同事和家人的关心，则是更温馨的事。

# 我终于没有喝那杯咖啡

这些日子，有个坏习惯，到了晚上就想喝一杯咖啡。结果影响了夜里的睡眠质量，不，其实是直接导致失眠。然后，白天昏昏沉沉，糊里糊涂，没精打采，什么事儿都做不好。

于是，我发誓，今天晚上坚决不喝咖啡。

成年人想要戒除一项坏习惯也不容易啊。这不，晚上还没完全到来，我的大脑已经在呼唤咖啡了，我都没犹豫，直接就烧水，泡了一杯咖啡。袅袅的香气，弥漫开来，闻起来好舒服啊。

但我知道，咖啡，咖啡，我必须戒了，否则，恶性循环，会让自己彻底完蛋。于是，我在心里念叨："我就在家里转圈、转圈，然后忘了那杯咖啡。"

还好，我终于摆脱咖啡了。当我走向书桌，靠近咖啡时，我已经想好了如何对付它。我用保鲜膜将杯口封好，然后，将这杯咖啡放进了冰箱。

"明天早晨喝吧，这样还给了自己一份念想！"我心里对着咖啡默默地说了这句话。

　　只是很瞌睡，大大的哈欠一个接一个。那就睡吧，睡觉总比失眠好。虽然今晚废了，但明天恢复精力的我，就可以开始做正事了。

　　我也挺了不起的啊，可以将晚上的一杯咖啡戒了！

　　我很棒，给自己一个大大的赞！

## 咖啡没有那么容易戒

记得曾经看到过，有位著名作家后来写不出作品，就每天喝大量的咖啡，最后心肌肥大去世了。

我就一直心里有阴影，觉得咖啡这东西不宜多喝，最好戒掉。昨晚我把那杯咖啡放进冰箱的时候，也这样下过决心。

今天我从电视上，看到那位世界著名投资人，八十七岁，终生不喝咖啡。我便又想，看来不喝咖啡是个良好的生活习惯，所以，我还是要坚决把咖啡给戒了。

于是，上午，我没有像以往那样先泡杯咖啡。包括昨晚放进冰箱的咖啡，我也没有拿出来，就让它还在冰箱里放着。

因为步行去新房子那儿，后又步行回来，相当长的路，半天时间就过去了，倒也没见着有什么反应。

可是，午睡后起来，问题大了，头疼欲裂。我没受凉，昨晚睡得也好，因此，既不是感冒了，也不是缺少睡眠引起的头疼。唯一的原因，我认为是想念咖啡因了。

当我疼得双手捧着头时，我下意识地赶紧去烧水，赶紧泡咖啡。咖啡未冷却，我就急着喝起来。也不知道是否有心理作用，感觉好像喝了咖啡，疼痛感就轻些了。当然，依然很疼，我接着泡了第二杯咖啡。

想想应该是前段时间喝多了咖啡，不知不觉有了瘾，形成依赖，一旦没有及时"供应"，就引发了头疼。所以，越是这样，越是必须戒掉，否则，后果不堪设想。

头疼得我什么事都不能做，好好的周末，真是全泡汤了。于是，我下楼，准备到小区里转转。

说实在的，头疼的同时，我还觉得分外恐慌，为自己好像生活在孤岛上而感到恐慌。

有好久了，我同外面接触很少，平时班上就那几个人，大家也不是多活跃的，要么刻板地工作，要么是对现状不满。大家在一起，有效的交流有限，开心的交流更有限。

朋友之间，我已经很久不约谁一起活动了。倒不是我不喜欢，而是，我认为我缺失了这种能力。

这样时间久了，我担心自己变得日益孤陋寡闻及迟钝起来，担心最后变成一个智力都有问题的人。我认为，人只有生活在集体当中、融入社会中，才能不断地进步或者保持正常的智力。

可我一时也想不到有什么办法，能够让我进入人群里。我眼下想到的就是出去转转，或许能够遇见谁，能够说说话，把自己的脑回路打开。

可是，小区里人迹稀少。我看到人家窗户上都装了防盗窗，突然为人与人之间的不信任、没有安全感而感到悲哀。人们把自己困在"监狱"里一般。过去人们建房子，住进去防风、防雨、防热、防冷、防野兽，现在却是用来防盗贼。

实在遇不到人，只好进几家卖服装的店里转转。可怜得很，我进的每家店里，都没有顾客。店家甚至灯都不开，我进去了，店主才从衣服展示架后面慌忙起来和我打招呼，半天了，才想起把灯打开。搞得我都不好意思，因为，我看看马上就要走人了，这不是让人家白白地开灯，浪费电吗？

有三家（一家一楼封闭的玻璃房，两家是一楼的车库式门面房）传出麻将声，唯有这声音传出了稍浓郁一点的人的气息和活力。

不过，看看衣服，时间倒是好打发，待我一圈转下来回家，两个小时过去了。上了楼，头依然疼，依然看不了书、写不了文字。于是，我剥毛豆，希望做这种耐心的安静的活儿能缓解头疼。

先生听说我头疼，让我喝咖啡。我想，这么迟了还是不喝了吧，否则，等下夜里失眠，形成恶性循环可就糟糕啦。

但是，尽管我控制住不再喝咖啡，但此前已经两包下去，戒咖啡的决心被打破了。看来，还得用好几天才能戒掉。我准备用逐渐减少喝的量的办法来戒。

不知道哪天能成功！

鉴于以往的经验，只要哪天有谁说"少喝点咖啡还是有好处的"，哪天觉得喝咖啡是件浪漫的事，哪天有谁说"女的还是喝点咖啡，可减缓偏头痛"……估计我就会动摇。

嗯，戒咖啡，路漫漫其修远兮。

第四辑　那年中秋打枣欢

# 冬至这天的美食

一

　　周末回老家。这天，是周日。晨起，见全家吃小汤圆，不解，问："为何吃小汤圆？"妈妈误会了，以为我问的是大小问题，回我道："没有买到大的。"

　　呵呵，我赶紧重新问道："为什么要吃汤圆？"

　　"今天过冬啊。"

　　记得昨天到家，见到家中有祭祀过祖先的痕迹，地上有烧黄纸的灰屑，也见社交媒体平台的朋友圈和群里，到处是人们发送的关于冬至的信息。怎么今天又过冬？我疑惑，正准备问妈妈，没想到，爸爸抢先问了："不是昨天过冬吗？"

　　妈妈急了，冲爸爸道："昨天是小冬，烧纸；今天是大冬，要吃圆子，你没听到到处都是鞭炮声吗！"

## 二

夜里，一场雨下来，到早上，仍是细雨未断。我一见，高兴了，每逢这样的天气，就是老天给乡人们放假。不能下田干农活，乡人们便左邻右舍呼唤着："打牌啊？"

我们理解老人们的这一习惯，也积极支持他们。果然，早饭碗一丢，爸爸便问我们："你们打牌吗？不打，我约其他人。"

妈妈却不同意。"上午别打，家家要烧中饭。过冬了，哪家不烧几个菜！"

经妈妈这一说，爸爸也仿佛想起似的，立即认可道："那上午就不打。"

呵呵，要爸爸放下打牌的热乎劲儿，可不容易，可见，过冬在乡人们心里，是头等大事。

过冬大似年！果然如此！

## 三

妈妈说的小冬烧纸，就是祭祀先祖活动。

自小至大，我家的祭祀仪式基本已经模式化。妈妈大清早起来，用少量的水，泡开干团粉，锅里水烧开时，一边将团粉面糊往锅里倒，一边用锅铲快速地搅动。一会儿便见雪白的面糊凝固成藕色半透明的一团。"团粉"之名概由此来。妈妈用一个大碗装上这粉，搁桌上让它"凉快"去。

然后便去做豆腐的人家，买几块早上刚做出的新鲜豆腐。我们这儿不叫买豆腐，叫"拾豆腐"。这拾回的豆腐，用手碰一碰，还热乎乎的，浓郁的豆腐香味直扑鼻。过去在家，我们常常迫不及待地拍几瓣蒜头，撒点盐，滴两滴麻油，直接凉拌了吃。

吃罢早饭，妈妈就为"烧纸"忙开了。先前晾好的团粉，切成小方块，锅里放上油，炒上一炒。豆腐也如此操作。再煮一锅白米饭。各样装碗，端上桌。米饭碗上插上筷子，桌子四围摆好长条凳子，爸爸就开始烧纸。

东台人家，以范公堤为界，分堤东、堤西人家。我家在堤东，靠近黄海边，先生老家在堤西。

堤东堤西祭祀还是小有区别的。我们这里是直接烧黄纸，而堤西那边先生家里，此前数天，奶奶会买回锡箔纸，折叠成"元宝"，于过冬当天和黄纸一同烧给先人。祭祀之物，我们这边是团粉和豆腐，堤西除这两样，还有小汤团和红烧肉。我问先生为什么要供肉，他也说不出来，急中生智道："把最美好的供先人，告诉先人现在日子好过吧。"我又问我妈："为什么祭祀没有肉？"妈妈也只说："风俗一直是这样。"

我们这里烧纸是在屋内，堤西是在门外（概因这边房屋多为砖砌；堤西多用木头搭建，须防火）。

爸爸一边烧纸一边说："爹爹奶奶你们来吃啊，来拿钱啊。"妈妈有时会加上一句："爹爹奶奶你们保佑我们的儿女发财啊！"

四

烧好纸，拉开凳子。把菜重新放锅里热一热，我们就可以开吃了。所以爸爸说："祭神祭祖先，烧许多好吃的，还是为了人自己吃。"

不过，祭祀用的团粉和豆腐都是素白的，一点不沾荤，不上色。待祭祀仪式结束，再上锅热时，就会另加酱油、青蒜等作料和配菜。如此几味搭配后，豆腐就不再是豆腐一味，团粉也不再是团粉一味，"五味调和百味香"的绝妙美味便在舌尖上绽放开来。

此时，雨也停了，天色明了，各种鸟儿欢鸣着，不时地从广阔的田野上空掠过。

乡谚有"晴冬烂年"一说，这过冬时的雨，预示着今年春节定是晴阳好日，怎不叫人心里欢喜着开始盼新年的到来。

## 从食堂听来香菜的故事

早晨上班，还在小区里，正走着，忽听身后有熟悉的声音，在叫我的名字。

回首，萍正在身后向我招手。

"那我和你一起走吧。"过去，她多半开电瓶车。

我问萍有没有吃早饭，她说："没呀，先生出差了，一个人不高兴煮了。"

"那就一起到食堂去吃早饭吧。"我提议道。

今天星期二，食堂供应豆花和油条。

食堂面向西的橱窗那里，南半边是正常每日供应的早点，有粥，有小菜，有包子、蒸饺、烧卖。北半边则是供应豆花、油条和各种烙饼。要说饼的品种还真不少，有小面饼、玉米面饼、芝麻饼、青菜香菇饼、牛肉饼、萝卜丝饼，有油饼、土豆鸡蛋饼、素菜卷。

今天，人们都走过南半边的窗口，向北半边而去。看得出，站在南半边窗口的服务员，脸上流露出的失望神情。

我和萍都各点了一碗豆花、一根油条和一个小麦面饼。大厅里，选一张桌子坐下。

"豆花里，香菜放得太少了。"萍忽然来这么一句感慨。

我接过她的话说道："嗯，有人喜欢吃，有人不喜欢吃，应该用一个碟子装着，供大家自己选择。"

旁边一位五十岁左右的男子却讲起一个关于香菜的故事来。

吃不吃香菜，是区别中国人和日本人的一个好方法。有一队"日本鬼子"，化装成八路军，进入村子。村长很聪明，煮了刀削面给这队人吃。照例，每碗面上都会撒上一些香菜末。结果，每个人都把香菜一点一点地挑了出来。村长明白了，这伙人不是八路军，而是"日本鬼子"。一个人不吃香菜正常，所有人都不吃，那肯定就不对了。

一句话，引来一段故事，也挺有趣味的。

食堂里，每天早晨都有几百人来吃早饭，在这人声、碗与托盘叮当声的碰撞中，大概会讲出很多故事吧。

## 新鲜玉米棒多少钱一斤

儿子放假回家来，我和先生无限欢喜，今日一大早便去菜市场买菜，"恭维"我家的王子大帅哥。看到新鲜的玉米棒，先生立即买下几个，因为，他也特别爱吃这个。记得价格是两元五毛钱一斤。

出了菜市场，路边有一男一女两个做手抓饼的摊子，我便上男的那摊上去买手抓饼。先生在一边等着。这时，邻边那摊上女的便问："棒豆多少钱一斤？"

我们这里玉米棒叫"棒豆"。

听我说了价格后，她说，前天有个老爹爹，自行车驮了三蛇皮袋的棒豆来卖，说是自家长的，结果一天下来，只卖掉一袋，还有两袋又驮了回去。昨天又来卖，到了晚上还是没卖完，就叫两元一斤，两元一斤，都还是没人买……

听了她的讲述，我不免心中一酸，因为，我想起了同样的场景，想起了老爹爹的样子。这样的画面深深地烙印在我的记忆里，画面里的老爹爹便是我的爸爸。

买好手抓饼，继续回家，看到路边一老奶奶在卖棒豆。面前堆了一堆，几个妇女围着在挑选，把外裹的青衣剥去，露出鲜嫩雪白的棒豆，颗颗珍珠似的玉米粒，闪闪发光。我对先生说："以后，我们买棒豆就买这种路边摊上的，人家都是自己种的。这让我想起我爸爸，他就是这样，种了东西，自己驮出去卖。"

先生也见过、听说过我爸驮了农产品去卖的情景，也和我一样深知那是多么不容易——往往卖不出去，或者卖了很贱的价钱。因此，他想也没想，便情气相通，立即答应说："好的！"

愿每个行业的人，都能各得其所，少一些艰辛，多一些顺心满意。愿人人都能感受到生活的快乐和幸福，愿整个社会都呈现出富足与祥和的面貌。

## 早晨你别吃两个鸡蛋

送儿子到南京，早晨，一家人到宾馆下面的餐厅吃早饭。父子两个先去的，我收拾东西晚一些下楼。进得厨房餐厅，见盘子里装了四个包子，两个鸡蛋。父子两个已经差不多吃好了，就等我。

早餐是标配的，一人一个鸡蛋、一碟什锦菜、一个包子。现在摆在我面前的，是两个鸡蛋，先生的没有吃掉。他这段时间一直减肥，苛刻节食。我建议他吃鸡蛋，他不肯，建议他把我的包子吃了，他也不肯。我这人穷人家出来的，小时家里又很是吃食匮乏，因此见不得东西剩在盘子里浪费，于是，准备把两个鸡蛋都吃了。

就在我边嘀咕不吃可惜了，边伸手拿第二个鸡蛋时，儿子突然说道："早晨你别吃两个鸡蛋。"他爸听了，感到奇怪，不知道儿子什么意思。但我明白，儿子的意思是鸡蛋只宜吃一个，多了会使胆固醇增高。果然，当我说出这个意思时，儿子默认了。

昨天来的路上，在先生不停地指挥我开车、指责我开车不好时，我曾和他争辩，也有责怪他在旁指挥不对之意。后来加油时他下去抽烟。

158

这时，儿子对我说："爸爸说的是对的。"我就说："他说的对，但我开车时候说不宜，会影响我情绪。"结果儿子认为我不对，有些生气了。

现在，儿子这一句"早晨你别吃两个鸡蛋"让我多么开心啊，一是体现了儿子对我的关心，二是说明了儿子已经忘却了昨日的不愉快。

我也应该像孩子一样，不要把不愉快的事情放在心上，要学会立即放下，然后该关心的时候还关心。这样，才会有和睦融洽亲切的关系，人也会快乐多些，幸福多些。

# 幸福的芒果汁

周末，回乡。

当晚，因弟媳说要喝粥，于是，爸妈煮了一锅稠稠的白米粥招待我们。

喝粥嘛，大家习惯性地，来一碟咸菜就可以了，可是，当大家端起碗时，爸妈却说，你们喝点饮料吧。

喝粥喝什么饮料？我们表示疑问。爸妈说，嗳，我家孙女送来的好饮料，喝点吧。

爸妈那高兴劲儿，把我们都浓浓地熏染了。

记得大概两周前，听爸妈提起过，说露和她男朋友一起回来的。露是大哥家的女儿，也是爸妈的长孙女，已经工作两年，且今年又与男朋友领了结婚证。对爸妈来说，孙女有出息，诸事又圆满，他们自然感觉非常幸福了。

于是，我们也替爸妈高兴，一个个喝起爸爸拿来的芒果汁。

呵呵，真是甜蜜幸福的芒果汁啊！

# 梨中岁月

过往的事，当时只道寻常，回头再看，恍如梦幻；过往的景，当时只道寻常，回头再看，美如画卷；过往的话，当时只道寻常，回头再听，饱含哲理。

梨树，梨子，吃梨的经历，你或许也有些记忆，有些好听的故事，有些想来很美的画面。但我的与你的或许有不同，所以，记录下来，与你分享。

幼小时，我爸在村里是干部。与村部办公房"丁"字相连的那栋房子，有医务室，还有小卖部。

小卖部的销售员，名叫孙发江，四十来岁，皮肤很白，矮矮胖胖，走路时，身子摇啊摇的，像乡下老奶奶精心饲养多年的老肥鸭。那年代，在农村，都是又黑又瘦的人，"白富胖"的，就他一个。

那个夏天，梨子上市时，小卖部里囤了一大堆用芦苇编的"折子"，小山似的。我想不起是什么原因，或许是因为我可爱（有点自恋），或许是因为我是村干部家的丫头（这最可能），孙发江给了我两个梨子，我欢天喜地，捧着梨子，一路猛跑，奔着去隔壁找我爸。跑得头上两个羊角辫颠呀颠，扎在辫上的红绸带飘啊飘。

爸爸看到我，问："梨子哪里来的？"

"孙胖子给我的。"我话音未落，爸爸伸手就给两巴掌，摔下一句话："还不赶紧送回去！"

被打愣了的我，眼泪汩汩地回到小卖部。这恐怕也出乎孙发江的意料，他愣愣地接过我还给他的梨子，有些愕然，有些无奈，还有一脸的歉意。

大概是上小学二年级时，一次无意之中的惊喜收获，发现家中那个存放衣服的老木箱子里，竟然藏着一个梨，外皮翠绿，色泽诱人！拿出来捧在手里看了很久，终于下定决心咬了一口，雪白的梨肉露了出来，满嘴的甜蜜的梨汁流淌！然后恋恋不舍地将梨子放还在原处。第二天又偷吃一口，第三天继续……梨子没吃完时，被妈妈发现了，终于在挨了一顿打后，光明正大、坦坦荡荡地把那个梨子啃得核儿都不剩。

到了上初中的时候，家里终于长了两棵梨树，吃梨子已经不是奢望，唯一的缺憾就是等待梨子成熟是很漫长的事。每到夏天，暑假里的一场台风吹袭一夜后，到早晨，发现梨树底下掉了一地的果子。欢欢喜喜去捡回满满一瓷盆，那两天便可以饱餐梨子。再然后就要等梨子完全成熟时。

夏天的太阳很烈，尤其正午时，往往晒得人不敢往外面去。我家房子西边是一个池塘，塘的周边长了两棵高大的槐树、一棵水杉树，还有两棵泡桐树。浓密的树叶挡住了阳光，下面有很大一块阴凉地。我家通常会放一张木桌子在树下，家人在那儿吃饭、纳凉，而我多半时间在那里看书，做作业。

蝉声一片。微风吹送，桌面上晃动着树叶筛下的光的斑影。我放几个洗净的梨子在桌上，不时削了皮，吃上一个。邻居打这里经过，有大人，有同学。他们中有不少人会走过来和我聊上几句。小学同学的英和荣订婚了、闹翻了的故事，就是英在这里告诉我的。同学燕的家就在隔壁，她那朴实的父亲下田时，打这儿经过，对我说："你比我们家燕聪明多了，你看你考上高中，我家燕怎么也学不过你。"看见桌上的梨子，又说："梨子要多吃，吃了皮肤会白。"

这话我爱听，农村人，晒多了太阳，肤色往往暗黑，就希望能白一点。一白遮三丑，爱美之心人皆有之，更何况我还是个女孩呢。

再以后，老梨树被砍掉，又栽出新梨树来。梨树反正是年年长（老家门前至今还长着两棵梨树）。我进城工作，要吃梨随时可以买，而且品种还多。而家中的梨，却嫌其个头小，又不够脆甜，便不爱吃了。只有年事已高、还在农村劳动的爸爸妈妈，每到夏天梨熟时，随时摘下来吃。吃不了的，就喂羊。

生活是越来越好，日子越过越富裕，现在各方面的条件不知比过去强上多少倍，但我却不时惶恐日子的平淡，一直还在为未来追逐，心中总认为理想还在更远的前方。

回首与梨相关的那段岁月，当时只道是寻常，如今却觉得美如童话，最是那份静好与淳朴，令我思念不已、怀想不已。忽略当下，不能看见当下的美好，我现在是不是还在重复着这样的错误呢？

所以，要珍惜每一个当下，因为回首时会发现，当时其实——岁月静好，人生幸福！

# 烟火生活

　　突然天阴了，刮起大风，温度降得厉害，同时降的便是心情。萧条得很，觉得生活毫无意趣。忽然很想有那热乎乎的场面，振奋这低落的情绪。于是，发一条短信给先生："晚上一起去吃烧烤？"立马收到回信："就这么定了，地点你选。"

　　我知道，提到吃，先生往往是很响应的。如果再提议他来点小酒，那就开心似神仙了。我以前总是很抠，总认为眼下要节俭着过。偶尔奢侈下，心中就暗暗地为将来担忧。于是，常常对先生和儿子很悭吝，会不时拿些从老人那儿听来的故事，对父子俩耳提面命。搞得儿子要花钱了，会跟他爸说："别跟老妈讲，她抠得要'死'。"

　　以前一直觉得我这样过日子是对的，心想，没有我，这家如何能撑到今天？此刻，却醍醐灌顶般意识到，我这样过，是不是让生活太死板了？又想起和朋友在一起也是，常有朋友较大方，请我们几个一起聚餐、搞活动，我在享受欢乐的时候却也会换着花样唠叨："不要这样浪费，要想想有什么有趣又节约的办法。"

很扫兴，是不？

其实，先生和儿子他们这才叫生活，想吃就吃，想玩就玩，想工作就工作，想学习就学习，大的方向把握住了，小的方面随性一点，这样生活得有滋有味，有情有调，又有活力，不是更好吗？我何必担心将来，将眼下过好才是真。

有钱是有钱的活法，没钱是没钱的活法。今天我开心了、享受了一回，明天未必就因此沦为穷光蛋。

古人不是说了吗？车到山前必有路，柳暗花明又一村。说不定，就这么想到哪儿、过到哪儿，才能享受到每天的新鲜！也或许会有更多更丰富的生活经历，会更让人感受到生活的意义。

困守着老的生活方式，吝啬着现在，担忧着未来，让生活过得像一杯白开水。先生儿子不舒心，朋友日渐疏离。我这样生活，一日复一日，一年复一年，一生又有什么意思呢？

所以，今天想到去吃烧烤，招呼一声就去了。

冬天想吃火锅，叫上家人就出发。

春天想去远游，约上朋友就上路……

过随心的日子，放心，自由。不束缚自己和他人，不为未来担心和计划。只活在当下，让生活充满烟火味。

这样挺好！当生活终于如水逝去时，我或许不至于后悔！

## 螃蟹烧糊了

中午回到家，先生烧了螃蟹，我哈喇子直淌，一心想吃那美味。待一大碗红彤彤的螃蟹上桌，我迫不及待拎起一只，揭开盖子准备吃，却发现火候不到，好遗憾！先生让晚上继续煮，我却馋得等不及，立即加点水放锅里再煮。

先生说累了要午休，再三叮嘱我注意锅子，我打包票说，你一百个放心，我盯着哩！后来却习惯性地也上房间休息去了，头脑中也没了螃蟹的影子。

待午休好了起来，却闻到一股难闻的味道，赶快冲到厨房里，发现锅盖已经揭开，原来先起来的先生已经把火熄了。

我看看锅里，四只又肥又大的蟹，趴着的，仰着的，背壳还红红的，白肚子却烧得乌黑，锅底也积了一层厚厚的黑炭。

唉，美味没吃成，却差点惹大祸。以后胸脯可不能随便拍，拍了就要负责啊。像今天烧螃蟹，我应该一步不移地在旁边盯着的。

166

# 园蔬有余滋


## 秋蔬正满园


家中有个小院子，长满了各种果树和一些花草植物。

高处有柿子树、橘子树、枣树、枇杷树、无花果树，中间有葡萄、丝瓜，低处有百日红、紫阳花、天竹葵、荷花，更低处有小青菜、鱼腥草……

一院的绿，错落有致，构成一幅祥和、静好、美丽的小院图。

"还不知道丝瓜结了那么多，眼前这边就有三根这么大的丝瓜。"站在瓜架下，指着胖嘟嘟的丝瓜，奶奶笑眯眯地说道："明天你们走时，摘了给你们带回去。再割点韭菜。茄子要啊，南瓜要啊，山芋要啊……"

岁月馈赠，如此丰富，叫人打心里漫满幸福的感觉。

第二天早上一起来，奶奶已经摘下了丝瓜，新鲜的、散发着芬芳香气的韭菜已经择好了一半……

# 咋晚上就和面了呢？

晚上，看奶奶端个盆子在手，里面是调好的面糊糊，透着亲切的珍珠白。奶奶用一双筷子在里面搅拌着。

"您这是干吗呀？"

我疑问。

此刻是晚上，难不成晚上要烙饼？

奶奶知道我喜欢吃小面饼，现在，每次我回家她都烙饼给我吃。新烙的面饼，松松的、软软的，两面煎得油光金黄。吃一口，满嘴甘香！

可是，以往都是早晨才调和面，加入发酵粉，放上两个小时就可以烙饼。今天怎么晚上就调了呢？

奶奶笑着解释道："现在天冷了啊，酵子'长'得慢。"

原来是这样啊。

难怪我小时候，家里做冷锅饼，我妈一般前一天就和面，第二天才烙饼。或者一大早起来和面，然后下午才开始烙饼。而过年蒸馒头，则需要"长酵"好长时间，一夜还要加上一天。

那时大人会揭开酵面缸上的盖子，看看面"长"得怎么样了，闻闻味道，看酸度是否适中。

要吃到好吃的饼，得掌握好多技术哩。

# 柿子未红时

回到城里，整理从家中带来的东西，该放冰箱的放冰箱，该收拾进柜子的进柜子。

这其中当然数蔬果最多。

大部分蔬果，每样取出、整理，那新鲜的样子、好闻的气味，都让

168

我心头再次欢喜。但有一样东西，取出时，竟然让我哽咽欲泪。

这便是柿子。六个柿子，都没红呢。一个个还多呈青色，只微微泛黄。

我没想到奶奶竟然摘了柿子给我带来。

昨天在家，我特意站到柿树底下，看看柿子红了没有。愣是没找到一个红的，只有一两个稍稍有点发黄。奶奶说："发黄就能摘了。"

"没哩，没哩，早着呢，不能摘，下次回来再摘吧。"我赶紧表示，我并不是着急要吃柿子。

大概有"此地无银三百两"的嫌疑吧。

奶奶昨天说，今早要给我摘丝瓜、割韭菜，也没说摘柿子啊。

这早晨，奶奶又起得比我早多了。待我起来时，早饭也做好了，有烙的小面饼，有煮的粥，有煮鸡蛋；还有一盘炒茄子，要当作吃粥的小菜哩。

同时，我还发现，奶奶已经摘好了丝瓜，韭菜也已经割回来了，并且已经择好了一半。

那无论是择好放在铁丝篮子里的韭菜，还是那堆在地上尚未择净的韭菜，看上去都特别舒服、妥帖。看一眼啊，这心情就特别愉悦。可见，蔬菜大概天然具备治愈功效吧。

吃早饭的当口，奶奶也把南瓜准备好，把山芋装了袋。我始终就没听说摘柿子，在家中也没看见有摘下的柿子。这到了城里，整理蔬菜时，才发现柿子用一个小袋装着，放在装丝瓜的大袋子里。

我把六个柿子，用一个平盘码好。带梗那头向外，梗部那四瓣叶萼像绿色花朵一样。这样摆放的柿子还真是好看，很有欣赏价值哩。

看着六个柿子，感动漫过心头。奶奶知道我喜欢吃柿子，这不，柿子还没红，就先摘下来给我带回。这么关心我，想让我早日吃到柿子。

有一种复杂的情感涌上心头，竟然有眼泪在我眼眶里打转。

我端着这六个柿子，走到先生面前，对他说："这树上第一批颜色转黄的柿子，奶奶竟然摘给了我，我太幸福了，我太感动了。要是过去，我会写下我的感动，可是，我现在写不了……"

　　我把这一盘柿子，供在我的电脑桌上，不时看上一眼。它们可真好看啊。看一眼，我这心里啊，就美滋滋的，就生出欢喜来。

## 秋天的盛宴

每次周末回到青蒲，住在附近的孩子的三叔、三妈便会来陪我们。一般是周六晚上一起吃顿晚饭。因为他们周六上班，而周日早晨我们则要返城。

下班时，三叔会从镇上带几份卤菜：香肚、猪耳朵、烤鸡、大虾……有时也会从村里饭店烧几个菜送来家中。

近年我们周末常回家，总是他们买菜，心下觉得过意不去，这不，今天先生提出"我们去买菜吧"。

打电话给三叔，他连说："我下班从镇上顺带，庄上也没有卖的。"庄上，即村里的街市。

我们还是决定自己到庄上去买，两个人步行过去。

到了庄上后，发现窄窄的街道干净整洁，但街市两旁人家的门面却基本关着，除了两家超市。

"怎么没人呢？这哪像街市啊！"

"现在才四点多，没开门呢，大概要到五点多吧，人家到晚饭点时，才来买菜。"

先生离家二十多年，对庄上的情况也陌生了，因此，揣测性地应答我的疑问。

我心里想着买个烧饼，或者现炒瓜子啥的，愣是没见有这样的门店。

"怎么没什么卖东西的人啊？想买个零食都不能。"

"村里的市场能有多大？你以为什么都有啊。"

我想起那一户挨着一户扎堆似的房屋，南北东西纵横交错的许多小巷，便道："可也住了那么多人家，不比一个集镇的人少呀！"

当然，毕竟是乡村，不可能像城里那样，一整天都不间断地有人逛街。农村的人，还是以干活为主。

这里人家居住密集，不远的镇上有企业，村里又有不少人家自己办厂。大家都不停歇地忙碌，只在早市和晚市时，才去庄上购物吧。

只好和先生返回。

心想到村里的饭店去点几个菜吧。

走进一条小巷，先生感慨："多少年不从这边小巷走了。"又带我走到河边的一条小路。

"这条路我都没有走过啊！"

"你是没走过，我小时候可是每天从这里走。去学校，这条路最近。"

一路见河畔长了许多的作物，满眼秋绿，非常养眼。

最抢眼的是开得热闹的扁豆花。墙边、桥头，一丛一丛，无数的花串子直直地向上挺立。一阵风吹来，香气扑鼻。

"是扁豆花的香吗？"我疑问。从小司空见惯的扁豆花，还从不知它有香味。

"是扁豆花香。"先生笃定地回复我。

我凑近了闻，一股浓郁的香味，类似玫瑰的甜香，直透肺腑。

果然扁豆花是香的！

桥头下方一栋三层粉色小洋房便是饭店。走进餐厅，摆开的几张桌上，餐具布置得整整齐齐，冷菜碟子也已上桌。看来晚上有人家在此举办宴会。厨房间，大盆里装着刚烧好的菜。我凑近了看，红亮诱人，是慈姑红烧肉。里面有一位妇女，正揭开摞得很高的大蒸笼最顶端的锅盖。好奇心催使我跑过去，问："里面是什么呀？""是黄鱼。"只见一个笼子里有四个盘子，每个盘子上一条大黄鱼。上下共有四个蒸笼，那就有十六条黄鱼了，看来晚上的宴会有十几桌哩。

　　先生问老板："有空给我烧两个菜吗？"

　　老板笑容可掬："晚上吗？有空哦。"

　　于是，点了一只红烧老鹅。这是本地的一道名菜，叫"溱东老鹅"。因为本地为水乡，养鹅是老传统，自然烧鹅也成了本地特色菜。常有外地人，慕名来这里吃这道菜；或者本地人，作为土特产，带到城里送给朋友和同事。

　　"再点道什么菜呢？"我们嘀咕着。

　　老板推荐："土豆烧牛腩吧。"

　　"好啊。两道菜多少钱？"

　　"给八十块钱吧。"

　　听了一愣，这么便宜？印象中有次在城里，单单一道红烧老鹅就九十二元，更何况眼下菜价涨得厉害。

　　家里有奶奶烧的鱼、肉，炒的韭菜、山芋藤，丝瓜烧汤，还有自家腌的咸蛋。点两道菜够了。于是，说好送菜时间，我们便出了饭店。继续沿着弯弯曲曲的河边往家走。

　　遇见一丛玉米，秆子和叶子都绿油油的。玉米棒看上去刚抽穗不久，"胡子"还嫩着哩。

　　又一丛茶芝麻，秆子长得很高，芝麻蒴果两两相对，顺着秆子从底部一直"爬"到顶部。

"柿子树，不看了。"当与一棵大柿子树正面相迎时，我如此说道。尽管树上挂满了可爱的柿子，有些已经由绿转黄，眼看不久就要红了。可是，柿子树到底常见，我家院子里就有一棵呢。

"这棵树上，白果结得真多，还大。"先生忽然在前面惊呼。我过去一看，果然，满树的白果，挨挨挤挤，大有将树叶都挤掉的架势。个头看去也真是奇大，颗颗都有寻常所见白果的一倍半大。

"这是什么瓜？"

路的中央、半空中吊着一颗青黑色的瓜，形状如水瓜，颜色又似未长熟的蕃瓜。

恰好一农家女子骑着电瓶车经过，告诉我们："是蕃瓜。"

这瓜可真淘气、可爱，它是故意探头到路中央，要看看行人或者要和行人嬉戏的吧。

还有一户人家，可真是独具匠心。用细木棒、芦竹，沿河边搭成一面格子架，顶部和屋面之间也用同样的材料连接起来，再将扁豆藤牵上去，形成了一座绿色的天然凉棚、走廊，我们走在下面的时候，感觉又美又神奇又好玩。

进屋，看到桌上的一盘炒韭菜，忍不住拿筷子就吃起来。像小时候等不得宴席开，就馋得先偷吃一般。这韭菜自家长的，保持了本味，甘甜香浓，特别好吃。

如果不用文字记录下这些遇见，我只是当时欢喜过了，随后也就容易忘掉。现在一一数来，这一天当中，其实不过短短的一小时，我却相逢了一场如此盛大的秋宴：看见了这么多神奇的植物、有趣的景象，晚上又有这么多美味可享受。原来，我拥有这么多的幸福啊！

所以，对于幸福的事情，我们有必要去回味一下，这样才更深切地体会到，自己有多幸福。

# 好柿子不怕红得晚

上周末回家乡，小院里的柿子还没熟，奶奶就先挑最先有一点点泛黄的摘下来，装好，给我带回城，一共六个。

我当时并不知道，回来后才发现，心里特别感动，也感觉特别幸福。我就用一个青瓷盘，把六个柿子，小心地、仔细地放进去，平铺在一起。

柿子看起来好可爱，闻起来特别清香。我把它们放在了我房间的书桌上，一抬眼就能看见。一看见它们，心里就生出欢喜、舒适和绵长的好心情。

只两天，第一个柿子便红了，出乎我的意料，怎么红得这么快？外表晶莹红亮，颜色特别诱人，一看就叫人心生满满的欢喜。我心想，啊，水果有灵啊，知道我喜爱它们，就赶紧红了给我看，红了给我吃，红了来讨我欢心啊。

我去捏了又捏，嗬，有些地方绵软，但也有一小部分地方仍发硬。我拿在手里把玩、盘转着，心里想吃啊。

"嗳，这个柿子红了，你说能吃吗？"

175

我这心理也是奇怪，问这些，其实就是知道这柿子还没到能吃的地步。

先生看一眼，说："再等一天吧！"

我恋恋不舍地把柿子重新放进盘子里。

先生去楼上下棋，我又转身到房间里，拿出柿子，到水池那里洗净，轻轻撕开皮。我要吃了，实在忍不住啊。

这时我发现，去掉柿子梗部的萼，那底下，有一点点腐坏。原来，这个柿子红得这么快，是因为它变坏了啊。

过了一天，又有个柿子比别的柿子红得多。我就纳闷了，带回家时，颜色都差不多的，这个咋又红得这么快呢？好似一群人跑步比赛，起点上一起冲出去的，跑着跑着，这个柿子遥遥领先了。

我端过盘子，拿出这个柿子看看。原来啊，不知道什么时候磕的，这个柿子身上有一处"伤痕"哩，伤痕处有几条细细的裂口。伤痕部分，颜色又比这个柿子别的地方的颜色更红。

原来如此！

看来，坏了的柿子果然会先红。

我们人生际遇中，也会有许多落后于人的地方。这不一定是坏事，说明我们可能是"好柿子"啊，所以，当我们一时失意，一时没有成功时，不要着急，先等一等啊。

要相信，好的柿子会红得晚一些，红得更美，红得更好吃哦！

## 行了，你别再吃了

盼望着，盼望着，儿子回来了。等着等着，儿子到家了。此间，他爸数次发短信，电话联系，一路追踪儿子的行程。

这是儿子到外地读大学后，第一次放假回家，我们兴奋地等候他到家的那一刻。

接到儿子，征求他的意见，考虑到他到家比较晚，我们就在小区门口的小饭店吃个晚饭。其实，我更想烧点清淡可口的给他吃，但他爸建议在外面吃，理由是，儿子坐了这么长时间的车，累了，天又晚，肚子一定很饿，在外面吃来得快些。

好吧。

吃到快结束的时候，我用剩下的炒肉丝的汤准备泡饭。这时，父子俩已经吃好，在等我。儿子忽然说："行了，你别再吃了。"

我立即放下筷子。因为，我明白儿子的意思，他这是在关心我啊。他爸接下来的感慨也证明了我的理解。

"我前段时间在外应酬多，不仅吃胖了，而且体检血脂也高。"

儿子接着他爸的话立即说:"你血脂高正常的,上回妈妈也说血脂高,要注意。吃饭只能七分饱,在外面饭店吃,更要吃得少。"

听着父子俩的对话,心里暗暗得意。

是啊,从上次早晨让我别吃两个鸡蛋,到这顿晚饭让我不要多吃,儿子是在关心我,希望我健康。我何其幸福。

## 路上的幸福 VS 世上绝妙的美味

为什么说"一起到"安丰古镇，而不是一起游、一起逛、一起欣赏？

好不容易闲下来的这个周末，我们犯了愁，怎么度过？真恨自己不是有趣的人，似乎想不出妙招来。

盘算来盘算去，最后先生说："安丰古镇怎么样？"

安丰古镇他没去过，而我去过很多次。

那就去吧。

一踏上古镇的青石板，先生就感叹，原来他老家的街道上都是这类石板，而且要比这漂亮，中间都被踩成了白色。那应该就是汉白玉，后来都被挖掉，不知哪里去了。

他一贯不喜欢旅游，这些地方，在过去，给他钱他都不来。现在倒好，这地方唤起他小时候的记忆，让他感到亲切，于是显出兴趣满满的样子。

本来我还担心他看了会扫兴，没想到，结果是他反复说："不错，很有意思！"哈哈。

走在安丰古镇上，我最大的感受是安静，天地皆静，一颗心也变得沉静，整个世界都那么悠远清静。

走不多远，便闻到浓郁的烧饼香。是一种叫"龙虎斗"的烧饼，东台特产。先生生长的村庄里，人家也做这种"龙虎斗"烧饼，因此，这又唤起他的乡愁。

两个老奶奶负责烧饼门店，一个在里边的操作台上做烧饼，一个在门口的烧饼炉前负责卖烧饼。才出炉的烧饼，热香诱人。本来冷清清的街面没见几个人影，然而，我们买烧饼时，却同时围上来几个人，都不知道这些人怎么突然冒出来的，被香味勾来的？

之所以叫"龙虎斗"，我认为是馅心既咸又甜。而这完全"敌对"的两味，被放到一个饼的馅心里，吃起来却不觉得被融合成一味，反倒各自在舌尖绽放恰到好处的咸味、甜味，满嘴巴、整个人都被烧饼香味抚慰得舒舒服服、意畅神醉。

烧饼个头比较大，听先生说"我们两个合吃一个吧"，卖烧饼的奶奶便热情地拿起菜刀，麻利地将一个烧饼齐中间一切两半，再用专门的包装纸分别包了，递一半给我，递一半给先生。吃罢不过瘾，我又跑回去买了六个。

我们走出古街时，一位路过的女子见我手上拎着烧饼，问在哪里买的。看来她不是本地人，也是来这里玩的。

从街面上走过一圈，恰到中饭时辰，先生便急不可耐地要找饭店吃饭。

他的兴趣完全不在游玩上，只在吃上。吃，对他，永远是天下第一等重要大事。

这当中，因为觉得回到了老家，就特别想吃吃老家的口味。我们一边找饭店，他一边念叨：还是我们东台菜，是地道的淮扬菜，好吃。

人的感情是个很复杂的东西，味觉也是个很复杂的东西，这两种东

180

西融合在一起，会变成一个人特有的情感和味觉体验，每个人都不会相同。

就像许多人，一提到家乡的美食，一提到小时候父母给做的美食，便觉得世上没有任何美食可与其相比。其实在别人的感觉里，可能也就那样，也不是多好吃。

世上最绝妙的美味，便是融进了记忆、感情、故事的味道吧。

要说先前我们吃的烧饼，先生一边吃一边夸：味道真好，咸甜正好，馅心油而不腻。描述感觉，能用的最好的词，便是"正好""恰好"两个吧。

又比如说，今年我和先生一起去过如皋董小婉园、扬州瘦西湖。当我们到了那地方后，发现并不好玩，本来"听说的"还让我们觉得神秘、心生向往，而到了实地反觉得也没什么嘛。但后来，我们发现，当我们想起那些曾一起到过某地的过往，却给人韵味绵绵、愉悦、温馨的感受。因此，我明白，有意思的不是风景，而是和谁一起看风景的经历。

这些叫，路上的幸福。

我们在古街的背面、一间门朝东的土菜馆里吃中饭，一盘韭黄炒文蛤，一盘大蒜炒肉丝，一份红烧小黄鱼。这边海货多，而且新鲜，价格还便宜。当炒肉丝上来时，先生说：你看，我们东台人烧菜就是会搭配，要是这盘菜在盐城，那就只有大蒜和肉丝，你看，这里还有慈姑。东台人炒菜讲究搭配吧！

还真是有同感！

为什么叫"一起到"安丰？因为根本没怎么看风景呀！所以，不能冠以"一起游"之类的。

但这难道没有意义吗？我觉得很有意义，妙在不可言说中。今天又恰好，暖阳照耀，微风不燥，真是个晴好天气哩！

# 粽子、蔬菜、绿野、嘉宝果、绣球花

## 粽子

春四月，苇叶青青。一到家，奶奶便告诉我们，打了苇叶，准备包粽子。问我爱吃白米粽子，还是爱吃豆子粽子。感怀奶奶念想着我爱吃粽子，便动容地说："随便，只要是您包的都爱吃。"

本来奶奶计划着第二天上午再包的，后来听说我们这天就要回家，她便当晚就开始包。真是让我特别过意不去啊。

奶奶包的粽子，大小适中，外观漂亮，看着像是艺术品。

第二天煮好，先剥给我们吃，问里面的米熟了没有。吃过了，余下的，全部给我们带回城。

## 蔬菜

上午时，奶奶去田里，准备摘些蔬菜给我们。一小捆韭菜，一颗包菜，两根莴苣，还有两把小青菜。

车子就停靠在田头，我让直接放车上。奶奶不同意，一定要先带回家，择干净了才行。

今天可真是奇迹，连爹爹都帮助择韭菜。他可是有好久时间，都是别人做什么事，他只在旁边看着，或者做他自己的事。

## 绿野

四、五月，原野最美时。此时，绿色如瀑布，如江流，满世界铺陈开来。而且，绿得柔嫩、光亮、油润，让人陶醉，一颗心都被软化了。

## 嘉宝果

从青蒲返回盐城的途中，心想，今天不是谷雨吗？都说谷雨前后三天，看牡丹花正当时，便想顺道去便仓枯枝牡丹园看看。

他不喜欢，觉得一点意思也没。

同样的事情，就是有人乐此不疲，有人觉得索然寡味。

到了牡丹园，我们从南门进去。南门还是二十多年前我们去时那样。不高大，就像古时人家的院门。

牡丹园一直就没进行开发，一直保持着原来的大小。也因为小，在到处都是宏大的旅游景点的今天，这样的小园，实在没有多少吸引力。

一进门，是一面院墙型屏风，上挂一幅玻璃匾，上书《卞氏宗祠》简介。屏风后，介于花神池和新开辟的一处牡丹园之间的台阶上，摆了些小货摊，其中最吸引我们的是一种紫黑色的果子，形似黑枣。卖货的人吹嘘，这叫嘉宝果，网上卖八十八元一斤，他只卖三十元一斤。网上一查，果然价格是他的两倍以上，觉得买了不吃亏，又好奇这种从未见过的水果，于是，未曾看花，先买东西。不过，这东西是真好吃，脆且清甜。后来觉得，这东西是不是就是葡萄的一种。

## 绣球花

园内游人并不少，此时其实已经是下午近五点，依然有不少人兴致盎然，在园中追逐欣赏。然而，花早已凋谢。抱在枝头的，已经是"逝花"。旧花坛（花神池）已经关闭，不供游人观赏。也确实一花皆无。东边新开辟的小园子，遍寻也只发现两朵尚鲜艳的花。

但有一样东西让人们眼里放光，那就是中间有三棵高大的树——两株绣球树，一株琼花树。花开繁盛，满树都是硕大的花球，蔚为壮观，引得行人频频举起相机。

# 炊烟袅袅

先生昨天和妈妈讲，今天一早我们吃过早饭就回盐城。所以，妈妈给煮的早饭，不是米粥，而是米饭。不是用电饭煲煮的，而是用铁锅煮的。因为，她想着要炕一锅好锅巴，给我带上。

这次回家，最让我心思重的就是爸爸妈妈衰老的速度太快，看他们走路已显得颤颤巍巍的。爸爸说话有些气喘吁吁，而妈妈走一会儿路，就要坐下来歇歇。她说，腿没有力气，走不动，不能做什么事，一做点儿事啊，心跳就快得不得了。

尽管这样，当天，妈妈又给我忙做吃的。第二天早上，就赶紧给煮早饭。割下还沾着露水的韭菜，择干净，炒鸡蛋；看我昨晚尽挑肉里的冬瓜吃，似乎喜欢吃冬瓜，今早特意又烧了一大碗冬瓜汤。为了给我带锅巴，大清早就煮饭。爸爸妈妈一辈子习惯了早上喝粥，尤其是妈妈，胃不好，不能吃饭，只能喝点软乎乎的粥。晚上我们吃米饭时，她也只是喝点粥。唉，这世上，爸爸妈妈这么关心我，现在他们老了，我真是一颗心紧张到发抽。

妈妈在厨房里忙，厨房屋顶上的烟囱里，灰白色的烟不断地升腾，扩散开去。

　　厨房西边有三棵大树：一棵水杉，一棵钉子槐，一棵泡桐树。三棵树都长了有十几年吧，庞大的树冠覆盖了半侧屋面，就在烟囱那里。位于最南边的泡桐树冠，有半面在厨房前面的空中，粗大的枝丫斜斜地伸下来，到了五、六月时，厨房门前便开满了紫色的泡桐花。

　　现在，烟囱里呼呼冒出的白色烟雾，就在这三棵树的树冠中升腾、飘荡，散入绿叶中。

　　大树矗立，炊烟袅袅，多么美丽的景象，多么希望它一直这么存在！

# 九月，和农作物的喜相逢

　　早晨，天有些阴。我在乡下，刚吃过早饭，正准备躲到房间里去看书。最近，想把《摆渡人》等三本书一气看完。第一本书，三四年前就看了，但内容基本还给了书，因此，我决定还是从第一本重新看起。

　　"你准备去挑菜啊？"

　　"嗯，去割点韭菜回来。"

　　听到门外先生和奶奶的对话，我的心不安定了，跑出房间。

　　先生看到我，问我："你和奶奶一起去啊？"

　　我还没回答，奶奶就抢着说，你不要去哦。

　　我其实很想去。在庄子西南角，有我们家一小块田，一年四季，奶奶在上面种菜。每次回家，奶奶都会去那里，把蔬菜弄回家，我们在家吃了，然后还会带些回城。

　　我最喜欢跟着奶奶到那里去。田地宽广，让人心地也宽广亮堂。各种蔬菜，总叫人生出无限欢愉的情绪来。

　　先生知道我喜欢跟着奶奶到那里去，所以，只要奶奶说要到那里，他基本上都会问我:"你去啊?"

而我基本上会欢喜雀跃地说:"我去!"

今早,因为这天色阴阴的,我和奶奶在去之前,接着奶奶上面说的"你不要去哦"后面,还有一番对话:

"我为什么不能去啊?"

"因为要下雨啊。"

"那你为什么能去?"

"我不怕雨打啊。"

哈哈,我不由得笑了,奶奶呀,你八十多岁的老人不怕雨打,我倒怕了?!

于是,和奶奶一起出发。

穿过自家门前的小巷,进入巷南头庄前大路。沿着大路向西。路上行人和车辆有时也不少,我叮嘱奶奶:"你平时从这里走时要注意安全啊!"

"没事,我贴着边走。"

我这时才注意到,奶奶果真是紧贴着路北人家屋檐下走,倒是我,走得没有规矩,已经基本上走在路中间了。

走过百把米远,转弯向南,过了怀德桥,桥头西边就是我家菜田了。

通向菜地的路,极窄,只能容得下一只脚,北边就是河。所以,奶奶在前边走,我在后面跟着。她说:"你慢慢地啊,"又说,"你别来了吧。"

是不好走!奶奶担心我不小心滑倒,或者发生什么别的危险。

"没事,我要去的。"我一边说,一边继续向前走。

南边农田里,主要长水稻。田头,则长了各种蔬菜。玉米(为了吃青棒豆而种),茄子(有绿色的,有紫色的),黄瓜,扁豆,花生,还有奶奶说的,她要割的韭菜。

看着这么多可爱的农作物,我像是回到年少时,遇到许多年少的小伙伴一样，感到亲切、快乐、热闹、兴奋。

奶奶割了一把韭菜，又掰了五根青棒豆，一边掰，一边说："老的不多。"

就在这时，沙沙声响起，雨真的落了下来。打在作物上，滴答滴答，奏出清脆悦耳的乐声。

"赶快回去。"奶奶催我走。

"那你为什么不走啊。"

"我把花椰菜的薄膜掀开就走。"

我走近一看，原来，小小的棚架下，是奶奶新栽的花椰菜。别看现在小小的，只有一朵玫瑰花那么大，想到以后长得那么大颗的花椰菜，我对奶奶说："你种密了呀，将来要长不下的。"

奶奶笑着回应我："长密了呀。"

"您是想长到半大的时候，先把嫩的吃掉，然后就剩下一半了？"

奶奶又笑了起来，没有答复我。

我们赶紧回头，奶奶比我走得还快，她走在前面。我们走在人家屋檐下，看可否少淋点雨。奶奶跑得快，一枝韭菜花从篮子里掉到了地上。我看那韭菜花挺好看的，像一张静物图，舍不得它就这么被"遗弃"，便捡了起来。手持着韭菜花长长的茎，忽然想到，要是把这花放在书旁边，拍张照片，一定很漂亮吧！

哈哈，爱胡思乱想的人也有好处，尽想美的事，这不也是无意中多享受了人间的幸福吗？

抬头看天，忽地见高空中的电线上，丝瓜藤牵了上去，结的丝瓜高高地挂在空中，哈哈，它结那么高，人家还能摘到它吗？

# 春节那些温馨的画面

## 除夕的早餐

一年只有一个除夕，很幸运，除夕在幸福中度过，心里默默地感恩：谢谢！

晨起，洗漱毕，开始吃除夕的早餐。这一日的早餐，有一些传统的吃食。

朋友圈里，有人晒出家中小朋友制作的花样早餐，用彩色食材摆出"除夕快乐""好运""富贵吉祥"等字样的点心拼盘。

我们家的传统美食，在享用的过程中，也爆出一些开心的小火花。

主食便是煮线粉。里面加荷包蛋、牛肉、小肉圆、鱼圆。撒上青蒜花，淋上芝麻油，香喷喷的。我怕这一碗粉丝吃下去，会发胖，便挑起一大团粉丝要往先生碗里送。先生笑着对我说："你不要很多'粉丝'啦？"我一听，赶紧停止，还是自己吃了吧，讨个好彩头，让我牛年拥有好多粉丝哦。

到傍晚，外面爆竹声声，开始迎新年。各家门前春联贴齐整，红彤彤、鲜艳艳一片；大红的灯笼高高挂起，吉祥喜气满天。在农村，爆竹声里，年味很浓。这里贴春联和喜钱时，有一个特别的现象，是别的地方没有的。

先生贴院门上的春联时，叫我去帮忙。我走过去，却发现他正把一条小的福字联贴在对面人家的门旁。不觉讶异，问道："你怎么贴到人家那边去了呀？"他告诉我，就应该这样贴呀，我们从小到大都是这么贴的。

原来，这边人家住得特别集中，人家与人家之间，挤挤簇簇在一起。一条巷子内的，同侧人家，一户紧挨一户；而相对的人家，大门对大门，几乎伸手可及。因此，贴在门边墙上的喜钱，都是两家对贴。即我家给对家贴，对家给我家贴。大概因为一开门便看见对家的门，给对家贴上喜钱和祝福的红联，也是让自家开门便见喜、抬头便见到美好的祝福吧！

## 大年初一，吉利连连

新春大吉，大年初一，眼一睁，许多欢喜，更有大惊喜！

按照我们这里的风俗，前一天晚上，要把糖果糕点放在枕头旁，醒来先吃点糕、糖、果子，再对着家人说恭喜的话、祝福的语。这叫不说空话，这样的祝福会灵验。

早晨先生先起来，拿了个沙糖橘给我。我吃一口，甜透了心，脱口而出："好甜！"橘是寓意吉祥的水果啊。但我依然说，还是吃块糕吧。

糕，寓意步步登高，好运一直向上走。

本以为家里没准备，没想着，竟然被先生找着了。原来在糖果糕点碟子里放着哩。

大年初一的早点是蜜枣桂圆茶和汤圆。吃过后，家人互相发红包。然后，到了九十点钟的时候，"幸福家人"群里发来一张图，原来，我爸妈家的大羊子新生了三只小羊羔。

这兆头真不是一般好啊！这小羊真会赶点儿呀，竟然在大年初一的上午，阳光正明媚的时候巧巧地来了。而且巧巧的是三只结伴而来。三只，恰好"三羊开泰"！有比这更巧更吉祥的祝福吗！

夜里，这里人家，放了一夜的花炮，这边，那边，连片儿的噼里啪啦声。果然，送走旧年，迎来了吉祥多福的新年啊。

# 吃早茶

这"早茶",不是喝茶,其实是早点。当地人都叫"吃早茶"。家里办事(结婚、过生日、生孩子……),亲朋好友来了,或是过节,尤其春节期间,正月里的那十几天,有天天吃早茶的风俗。

有这风俗的地方,叫青蒲。

青蒲,古韵悠悠的一个村庄。地处东台市的最西南方,南接兴化市,北接大丰市,西邻泰州市。

在青蒲一系列源远流长的文化传统中,大年初一的吃早茶,令人倍觉回味。

早茶的内容,十分丰富。一道茶吃完,另一道茶又会端上来,且每一道茶都似有讲究,有着特别的寓意,代表着美好的祈愿和祝福。

清早,年轻人起床、洗漱后,开心健康的爷爷奶奶就会笑盈盈地招呼大家吃早茶了。

一家人围着桌子团团坐。

桌子中间是已经摆好的小果碟子,叫蘸茶碟。一般一式六碟:糖果碟、花生碟、生姜丝碟、皮蛋碟、牛肉片碟、风鱼块碟。根据喜好，可随意置换搭配。比如山楂碟、海蜇碟、香肠碟……不一而足，只要你想吃，都能端上桌。因为，节前，老人便根据家人的喜好，备齐了各式各样的小吃食供选。

糖果碟中，最中间是京果，外围一圈是芝麻饼，再外围是一圈花生糖，最外层又是一圈云片糕。都细致均匀地摆开，拼成了一碟盛开的花。

这时，爷爷奶奶开始往桌上端上早茶。

端上桌的第一道早茶是果茶。挑上好的金丝小红枣煮成。一人面前一个精致的小白瓷碗，内盛小半碗，十几粒晶莹红亮的枣子，浸在亮黄色浓稠的汤汁内，色香诱人。筷子夹一颗红枣送入口，轻轻一咬，绵软酥烂、甘甜芳香溢满齿。先上这道茶点，寓意便在此，暗含日子甜蜜芳香的祈愿。

接着，一人泡一杯上好的绿茶，便开始上热菜了。这可真是一道"百和"菜，饱含的品种可丰富了。红茶干、绿药芹、黑木耳、牛肉片、百页丝、胡萝卜片、青蒜、河虾……吃一口，清爽，鲜美，好一道开胃菜！这菜，寓含富裕、和美之意。

这边，大家一边吃一边聊。那边，爷爷奶奶是一道一道地往桌上端。团子、包子、糕、汤圆、炸春卷……此间，还会端上一碟研磨好的黑芝麻粉，上面撒一层桂花白糖。老人一面招呼大家，"汤圆蘸着粉和糖吃，"一面不停地感慨，"现在的日子真是好过啊，眼睛都笑细了，没想到，老了还能享这样的福！"

这最后一道茶菜，更是青蒲这地方特有的，地地道道的地方味——线粉。原料以山芋粉丝主打，配以小肉圆、小鱼圆，再打两个荷包蛋。调些酱油煮成微红色，端上桌前撒上一层碎碎的青绿蒜花，滴一两滴麻油。挑起一筷子，顺溜吸入口。那味道，怎一个鲜美香了得！愿所有的日子也顺溜、鲜美香啦。

# 秋果，可爱又可口

到菜市场买菜，被水果摊吸引，驻足于前，谗叽叽地面对那些水果。

秋季本是收获的季节，各色水果上市。绿的梨，紫的葡萄，黄的橘子，红的山楂。

水果的香气，醉人的香气，清甜的香气，芬芳的香气，把整个菜市场都薰得香香的。

摊主也像一枚诱人的水果啊，三十来岁的女人，正是熟得恰好时。大眼睛、圆圆脸，鲜莹饱满的一枚女人果。

摆满各色水果的坡形摊位上，面前并排三种橘子，大小个儿头差不多。橘子可是最新鲜、最当季的水果之一，吃起来又特别方便，不像梨子、苹果要削皮，我便想着买点橘子回家。

"老板娘，橘子怎么卖的？"

"左边的六元一斤，右边的七元一斤，中间的九元一斤。"

"为什么中间的这么贵啊？"

"两边打蜡的，中间没有打蜡。中间的最贵，买的人却最多呢。"

老板娘说这些话当口，一直笑咪咪的，满是自信和欢喜样。

　　整天面对这些好看、香气清甜的水果，任谁都会生出好看的脸色，生出美滋滋的心情吧。

　　我拿起一个左边的橘子看看，又拿起一个右边的橘子看看，果然蜡光锃亮，可是，却不是那种能让人忍不住下口的光色呢。

　　最后，我买下的自然是中间的橘子，不自觉地成为那"买的人却最多"中的一员。

　　没办法，那橘子不"化妆"、天然样。拿在手里，舒手；看在眼里，舒眼；感在心里，舒心。这诱惑，谁有抵抗力！

　　我就不明白了，这橘子，自然色，已然很漂亮，打蜡后，反而发出贼光，不叫人喜欢，商家为什么还要给橘子"化妆"，这不多花钱、多花工夫买人嫌吗？

　　我这边橘子还没称好算价，忽一眼瞥见橘子斜上方，并排几个透明小袋子，里面装着红红的果子。

　　"新山楂呀！"我下意识地欢喜雀跃，像个不知掩饰情绪的小孩。

　　那山楂，隔着袋子，都能让人感觉到一粒粒红得自然、鲜艳，叫人一眼生喜、想吃。忽就想到那首《红山果》。果然是"红山果"！好看又可爱。

　　拿起一袋山楂问老板娘："山楂一袋多少钱？"

　　"十二元。"

　　小小一袋十二元，真贵。然而，物有所值。

　　到家，打开袋子，一股"山楂味"袭来。水果的本味，原来都是这么甘香、纯正、沁人心脾的啊！

　　每一粒山楂果子的大小基本均匀，都小小的、精致的、红红的、可爱的。实在是样子可餐，颜色可餐，香味可餐！

　　我直怀疑，这一袋山楂是野生的！

很幸运，遇见这么多可爱又可口的秋果；很幸运，可以吃到可爱又可口的秋果。

果到秋天最香甜，人到秋天最幸福！秋天，真是最美的季节！

# 秋到柿子红

老家小院里有一棵柿子树，长好多年了。每年都结好多柿子，今年还特别多，累累硕果，缀满绿叶间。

国庆假期，到家已是傍晚，微微的天光中，仍依稀看到，一颗颗结实饱满的柿子，静静地挂在枝头。圆头圆脑的样子，实在可爱喜人。

"柿子都泛红了哩！"

"嗯，结了好多，不晓得咋结得这么多的，你们明天摘了带回城。"

奶奶八十多岁，很精神。这得益于勤劳。每次我们在家，总看到她忙不停息。一会儿去田里，一会儿在家中，利落干练。"干练、敏捷"，用在这么一位老人身上，似乎不大合适，但她反正不像老人。

小院里有梨树，有葡萄架。夏天，丝瓜爬到葡萄架上，在高处、藤深处结满了丝瓜。奶奶拿张长高凳，老菩荠红色的。站上去，摘丝瓜、摘梨子。满头白发，掩映在满院绿色中。

到中秋，小院里的水果，只剩橘子和柿子了。橘子尚青小，柿子却已是青淡红深了。

喜欢吃柿子的，大有人在。尤其奶油柿子，个头大，肉肥厚，甜度特别高，叫人欲罢不能。

　　去年回来时，过了摘柿子的最佳季节。奶奶说，摘了好多，都分给邻居了。

　　对着一树空枝，真的无技可解念想哩。

　　今年成了幸福人，恰好赶上柿子的最佳摘果期。大清早就起来，对着满树红柿子傻乐。讲真，柿子不只好吃，也很有欣赏价值呀。

　　秋阳渐高时，奶奶又把那张菩荠红的长凳拿出来，放到柿子树下。她准备摘柿子了。

　　"不要你摘，不要你摘，让我们来吧。"我们赶紧拦住要往长凳上站的奶奶。

　　拿把大剪刀，分开叶子，对着梗部，咔嚓，一颗柿子落在手中，递给手拿篮子在树下等的人。再把剪刀对着下一颗大柿子，咔嚓、咔嚓，这是秋天的音乐哩。

　　现场"采访"摘柿子的人："说说摘柿子感言。"舒心的笑容满脸开放："摘柿子很快乐！"

　　哈哈，天高云淡，阳光灿烂，秋色缤纷。拥有丰收的秋天，那才叫幸福！愿一生长长，每天都似今日！

## 那年中秋打枣欢

那年中秋回家，恰好院中枣树上的枣子红了。

那年中秋是幸运的，可以回到父母家，并且兄弟姐妹四个都能聚到一处。我和弟弟从盐城出发，二哥从徐州出发，大哥从东台出发，我们一起奔向父母身边。这是这么多年来，聚得最集中最齐全的一年。点点滴滴的幸福，心中满是感恩！

一踏上回家的路，一颗心便开始飞扬。

节前一段时间，我睡眠不好，常常头疼烦躁，心中也郁积了许多的苦恼，觉得自己都排解不了。那阵儿，孩子上学的事儿，工作中的事儿，生活中大大小小的事儿，想起来，真没几件称心如意的。

然而这一切，从准备回家的那一刻起就开始减轻。看来，没有什么烦恼，是回家化解不了的。

轻快地开着车，心中装着即将见到父母的欢欣，透过车窗看到的是宽阔的大道延伸向家乡，路两旁是夹道的树木形成的天然绿色屏障，每隔一段距离，间杂着一丛粉红、一丛浅黄……

前方是辽远的天空，大朵大朵的白云悠游安然。

到了家中，是父母笑容可掬的样子、忙忙碌碌的身影，还有满院活蹦乱跳的小羊羔。

门前是一望无际的田野，大片大片挂满豇豆的豆架……

到了晚上，一轮明月升上天空，晚风凉爽地吹送，虫儿开始演奏交响曲，展开农家夜的大幕。

闭在城里"鸽子笼"里的"综合征"一扫而光，我心变得如天空那样澄澈，如夜色那样宁静，如虫鸣那般欢快。

第二天，听弟弟对爸妈说，家中的枣子能打了，都红了，结得又多。

我这才想起家中院子里有棵枣树。

妈妈说，哪有工夫打呀，都被虫子和鸟儿吃了。

我一听，觉得怪可惜的。心想平时爱买枣子吃，现在家中有枣却不打，也太没道理了。于是，我提出去打枣。

院中的枣树已栽好多年，树干都有大碗口粗，树冠遮蔽了三分之一的院落。

树上枣子真多啊，密密麻麻的。说是星罗棋布，一点也不夸张。我一见满心喜欢，人都乐得要飞起来似的。

家中的枣子那是纯天然的，自生自熟。爸妈从来没空管它们，更别说会打药水啦。

我拿来一个小竹篮子，搬来一张长凳子，拉下树枝摘枣子。

爸妈在一边看到，担忧并着急地说："不要摔下来，找一根杆子来打啊。"

正是中午时分，秋天的阳光依然灼人。为了加快摘枣的进度，减少被太阳晒黑的风险，我叫先生来帮忙，可是先生不睬我。

大哥闻声走了过来。

长兄如父。大哥很厚道，总是呵护着弟弟妹妹，从小护到大。现在爸妈年纪大了，已经没有多少力气呵护我们，但是我们还有大哥啊。

家有大哥，一辈子安心、踏实。

大哥让我从凳子上下来，他站到凳子上，拉下枣树的枝条，摘起枣子来。大哥在高处摘，我举着篮子在树下面等。

一会儿就摘了满满一篮。